世图心理

U0502281

遇见自己

萨提亚冥想，女性的每日心灵滋养

黄琳 / 著

世界图书出版公司

北京·广州·上海·西安

图书在版编目（CIP）数据

遇见自己：萨提亚冥想，女性的每日心灵滋养 / 黄琳著. —北京：世界图书出版有限公司北京分公司，2019.3
ISBN 978-7-5192-6003-3

Ⅰ.①遇… Ⅱ.①黄… Ⅲ.①女性—修养—通俗读物 Ⅳ.① B825-49

中国版本图书馆 CIP 数据核字（2019）第 033281 号

书　　　名	遇见自己：萨提亚冥想，女性的每日心灵滋养
	YUJIAN ZIJI
著　　　者	黄　琳
策划编辑	于　彬　吴嘉琦
责任编辑	于　彬
装帧设计	蔡　彬
出版发行	世界图书出版有限公司北京分公司
地　　　址	北京市东城区朝内大街 137 号
邮　　　编	100010
电　　　话	010-64038355（发行）　64037380（客服）　64033507（总编室）
网　　　址	http://www.wpcbj.com.cn
邮　　　箱	wpcbjst@vip.163.com
销　　　售	新华书店
印　　　刷	三河市国英印务有限公司
开　　　本	880mm×1230mm　1/32
印　　　张	9
字　　　数	150 千字
版　　　次	2019 年 3 月第 1 版
印　　　次	2019 年 3 月第 1 次印刷
国际书号	ISBN 978-7-5192-6003-3
定　　　价	39.00 元

谨以此书，

献给我生命中所有帮助、支持过我的亲人、恩师、朋友们。你们的爱丰富了我的生命，更如肥沃的黑土地般滋养了我的人生！

也献给所有追求健康、和谐、幸福生活的朋友们！

序 一

　　冥想有许多形式，也在不同的层面上服务于我们的生活。黄琳的这本书，是一个非常实用的工具，能够帮助读者更加有意识地觉察，并与更深的自我和谐一致。

　　在经由冥想帮助他人获得内心更宁静的生活之前，作者走过了很长的一段生命旅程。

　　她生命中的一段重大旅程，始于她开始学习和应用萨提亚模式。萨提亚模式是一种综合而有效的方式，它帮助人们成为一个更加完整的人。萨提亚模式能够帮助人们发展出更敏锐的感知和对自己的思想、感受、行为更加负责的能力，帮助人们拥有更高的自我价值感，做出更好的选择。更重要的是，它能够帮助人们达到与自我、他人、情境和谐的状态。这样的和谐在生命力的层面，给内心带来更多平静、慈悲和快乐。

　　黄琳是萨提亚模式的热情学习者。萨提亚模式帮助她面对和处理了丈夫早逝、事业不顺所带来的压力。在这些生活经历面前，她被迫学习如何不让自己因此成为受害者。她以一种充满爱与关怀的方式，处理自己和家庭对自己的未被满足的期待，使得生活首先可以自我掌管，而后能够享受其中。

　　在她的生命早期，家族和文化中对性别的隐性区别对待，在她的生命里留下很深的影响。在学习了萨提亚模式后，在我的帮助下，她开始转化深层的信念，接纳自己的女性身份，最终享受自己的存在形式。这个深层的转化为她带来了更多的能量，更多的喜悦，更多的创造力。在她的生命成长历程中，你能看到萨提亚模式对人的信念的改变，即每个人本身都是一个奇迹，永远有改变、成长的可能，每个人都有机会发展出自己更完整的生命。

　　黄琳对生命更深的层次有着深入的理解。在她的冥想中，她与你分享她的知识与智慧。她的冥想能够帮助你更加放松，更加专注，帮助你以接纳及欣赏的眼光，来理解和体验你自己。

当你聆听黄琳的冥想时，请给自己一些时间去吸收其中传递的信息。每天花时间在精神领域中，如果可能身体也放松下来，她的冥想将会带你聆听自己内心的声音。你将会体验到内心更多的平静、和谐，并拥有与自己、与他人更健康的关系。

我希望读这本书的读者，能将书中的内容用于实践，我尤其鼓励你，将黄琳为你创作的冥想用于练习，帮助自己获得内心更多的和谐。

我衷心祝愿你更加幸福、成功与健康。

> 约翰·贝曼博士
> 北京师范大学客座教授
> 《萨提亚家庭治疗模式》联合作者
> 《萨提亚冥想》编者
> 享誉国际的作家，治疗师和教育家
> 被认为是世界上最著名的两位萨提亚治疗师和导师之一

序 二

　　我听过黄琳的冥想，每一次都被她的语言疗愈。这一次，我细细读了她的每篇冥想词。读着那些句子，我就会感觉越来越宁静、平和。

　　我知道黄琳的每篇冥想都是她的生命体验，因为她总是在体验和穿越着生命以及周遭的一切。

　　我和黄琳是中国萨提亚培训师项目的同学。三年来，每年我们都会见面。大家一起学习期间，她每天早上都会去爬山。别人爬山可能只为锻炼身体，黄琳则在爬山的过程中，细细体察身体每个部位的感觉，甚至透过身体和内心的感觉，联结到生命的源头以及原生家庭对她的影响。我记得有一次，她就把自己在爬山过程中的体验，用雕塑的形式在课堂上呈现出来，带给同学们很多启发。她在每个当下都带着觉知和体悟，并把这些体悟展现在她讲授的课程中，冥想就是她课程的精髓之一。借用约翰·贝曼先生的话，黄琳总是带着觉知使用她的时间，从来不会让生命这台机器空转。

黄琳有许多不同的角色——萨提亚中心的负责人、萨提亚培训师、咨询师、学校的名誉校长，但抛开这些角色，黄琳一直很安静且常常沉思。这一次，她带着慈悲和爱，把自己的智慧分享给大家，因此有了这本书和这些音频。

对于专业的培训师来讲，这本书里的冥想词，改一改就可以用来带领自己课程上的冥想，甚至可以拿来就用。对于普通人来说，读并体验这本书中的冥想词，可以收获宁静、喜悦，让自己更加幸福和快乐！

刘称莲

萨提亚模式学习者和实践者

知名家庭教育专家、作家

畅销书《陪孩子走过小学六年》

《陪孩子走过初中三年》《陪孩子走过高中三年》作者

目 录
Contents

前 言

　　若干年前，我在电台录制了一段冥想，这段冥想流传多年，许多朋友非常喜欢。我在带领团体课程的时候，朋友们都表示希望能在课程以外还有机会经常听到我的冥想。

　　2015年，我开始将自己在现场录制的一些冥想收录进我的喜马拉雅电台个人号，希望给更多的朋友带来生命层面的滋养，有机会帮助更多的生命。之后，我收到了许多朋友的反馈，他们希望能有更多的冥想帮助自己。

　　于是，我开始有了出版这本书的构想。本书的冥想，采集自我这两年带领的工作坊和课程。每篇冥想都是我现场的创作。我们的项目团队将这些冥想收集并誊写成文字，这成了本书最初的素材。

　　如果说身体需要保养、美容、保持年轻，那内心更需要日常的清理、关爱和滋养，这样我们才能帮助自己保持良好的心理状态，创造更和谐美好的外在环境。冥想，帮助我们每天养护心灵，为更幸福的生活助力。

过去几年，我收到许多朋友的反馈，当他们从我的冥想中获益，并带来意想不到的收获和改变时，他们的兴奋、感动和喜悦也滋养着我，激励着我将这些冥想整理成书，录制成音频，给更多的朋友带来心灵的养护。本书是我关于冥想的第一本书，未来会有更多的冥想创作与大家见面。

希望这本书，能让更多的朋友更多地自我觉察、接纳，从而过上更加轻松、喜悦的生活，获得更加和谐、亲密的关系，走向更加自由、宽广的人生。

关于萨提亚冥想

冥想是萨提亚治疗模式中很重要的一部分。萨提亚女士通常会以一段冥想来开始她的工作坊，帮助参加工作坊的人放松下来，并将注意力保持在自我的中心上。获得自己和他人身上的新发现并接纳它们，有助于参与者将这些学习与发现转变为现实。她优美而富于启迪性的文字也激发了人们去更多地使用右脑，而右脑正是直觉的来源。冥想是一种运用我们的大脑直觉来开启更多的可能性，并允许其朝向成长和高自尊的变化发生的方式。

冥想所带来的心理体验是非常丰富的，它不仅让人们从躁动中安静下来，使大脑进入一种开放的状态，使意识和潜意识联结起来，身体和心理联结起来，过去、现在和未来联结起来，个体与世界联结起来，还会使我们更有力量、更有智慧去做出选择和改变，成为"一个美妙的、更加和谐的生命"。

　　冥想的语言与文字，如散文般优美。它帮助我们与自己联结，归于宁静，并开启疗愈、转化。冥想是萨提亚在工作坊中使用的一种促进转变过程的干预手段。一旦我们体验到自己最深的存在本质，就有可能做出决定去解决问题，或消除那些阻碍我们体验自我的影响。就此，改变已然发生。

　　备注：部分文字引自《萨提亚冥想》一书，由约翰·贝曼博士主编。

如何使用本书

欢迎你，打开这本书的朋友！

为了让这本书更好地服务于你的生活，希望以下文字能够给你提供一些指引。

本书分为两部分。

第一部分是我的访谈，记录了我走过的生命历程。

那些历程，亦是许多人在生命中会经历的，关于职业生涯的转折、生命中的丧失、自我生命的价值，以及由此带来的内心体验、疗愈。许多朋友在读了我的一些文章后很有感触，给我留言，分享他们的困惑。在这篇访谈中，我分享了自己生命中的一些重要历程，希望经由这样的分享，给更多的朋友带来**面临困境的勇气**，以及**生命成长的希望**。这些生命历程，也恰恰反映了萨提亚冥想贯穿的信念。

第二部分是冥想文，包含了三十篇、八个主题的冥想文，以及一篇送给读者的特别的冥想。

你可以把这本书当作你**随身携带的心灵陪伴、自我滋养手册**。当你需要关怀内心、帮助自己安定并更有力量时，你可以打开这本书，选取其中一个适合你当下需要的主题或某篇冥想文，用你的心来阅读，或在心里读给自己听。本书配有我录制的冥想音频。扫描书中的二维码，你就能听到我的声音，获得穿越时空的心灵陪伴。

冥想文的编排有一定的顺序，但你不一定需要按顺序阅读。你可以根据自己的需要选取其中的篇章阅读。

冥想文的阅读，不同于读小说般一口气从头读到尾。当你阅读冥想文时，请带着你的心与身体，感受其中的每一个字。每一段冥想都可以自成一章，单独阅读。每一段都可以细细品味。冥想文帮助你与内心联结，探索自己的内在世界，帮助自己了解自己，感受自己的需要，带来新的洞见与成长，帮助你获得更平和的内心、更和谐的关系，更有力量面对和解决生活中的问题。

阅读此书，你可以从你感兴趣的篇章开始。每篇冥想文，你都可以在日常生活中需要的时候拿来反复使用。如果说，每天步行或跑步能够帮助我们强健身体，那么**每天使用冥想文**，就是在帮助我们和谐内心，强健生命。这会给你带来更多的幸福、成功与快乐！

关于书中的每篇冥想文：

开头部分有**导读**，帮助你了解如何使用这篇冥想。

结尾有**今日主题**，帮助你在选择冥想文或回看的时候，撷取文中重要的，或是可能给你带来启发和思考的要点。

在冥想文的主题之上，**主题延展或主题延展练习**，可以给你提供相关练习，帮助你更好地拓展理解，并应用于生活。

在每篇冥想文后面，我们留了一个自由书写的空间**"我的所思所想"**，你可以记录你使用冥想后获得的新发现、感悟或任何感受。

书中，我们还提供了一些其他冥想者的**感悟分享**，以及一些关于成长的文字，希望帮助你在前往冥想之旅的路上，领略车窗外的风景，丰富你的阅读收获。

我们提供了一个**读者反馈邮箱**，欢迎你将你的感悟发给我们。我们会收集读者的感悟，这能帮助我们今后更好地创作冥想文。你的感悟也有可能被我们采纳，并分享给更多的读者，帮助他们了解冥想可能带来的帮助。如果你的分享不愿意被分享，你可以在发给我们的同时说明，我们会严格尊重你的决定。

特别要说的是，我非常推荐你去**收听本书冥想的音频**。在音频中，你能听到我的声音，以及为每段冥想文精心配置的背景音乐。你将获得超越文字的能量层面的共鸣和联结。这样的收获是更有"魔力"的，许多的听众体验过，并兴奋于他们的收获。相信你也将获益其中！

书的孕育，源自**分享**的意图。如果你感受到这本书给你带来的帮助，请将它分享给身边的朋友。你的分享，也许会无意中给他人带来生命中的一缕亮光、一丝启发。

在生命的长河中，我与你的相遇，不是偶然。

感恩彼此的**相遇**！

访谈《点亮生命中的光》

采访者：涂涂

被采访者：黄琳

采访时间：2016年2月27日

采访背景：在中国，尤其是女性已越来越多地注重自己在个人生活、家庭生活、工作中，以及社会上发挥独特的力量与魅力。于是，成千上万的中国女性开始了解萨提亚模式，走进萨提亚模式成长系统学习。她们学习的目的是让自己更幸福，关系更和谐，生活更加平衡。记者对这一女性群体进行了定性分析研究，选取的女性对象主要来自中国的深圳、厦门、广州、北京、上海等城市。项目挑选了十二位学习萨提亚模式五年以上的中国女性，她们在个人家庭生活及社会工作等领域均有突出的改变和影响力。项目研究聚焦于她们学习萨提亚模式之后是如何将其运用在个人成长及家庭关系这两个领域的。项目研究成果以专题报告的形式于2016

年在加拿大温哥华召开的"纪念萨提亚女士诞辰100周年国际会议"上被发表。

打破沉寂与昏睡，聆听内心的召唤

记者：你好，黄琳！你是从什么时候开始接触萨提亚的？

黄琳：2008年，当时我在一个大的金融企业里做培训，已做了11年。我们做员工的培训、管理队伍的培训、销售队伍的培训。在这之前，我的职业生涯应该说是很顺利的。但就在那一年，我遇到了一个转折，当时公司举行了一场竞聘，结果出乎我的意料。

记者：当时你多大年龄？

黄琳：35岁。那个时候我自己对此的感觉就好比一个湖，在水量非常丰富的时候，湖面看上去就像镜子一样光滑、优美，可是当枯水期到来的时候，湖面的水位开始下降，然后湖底有许多的东西露出来，可能有大大小小的石头、一些腐烂的木头，或者湖底各种各样的沉积物。

那个时候我突然间发现自己生命里好多部分都有问题，

亲密关系的问题、和父母关系的问题、跟孩子关系的问题。过去，我一直忙于事业，也从来没有认真去看过这些，所以当有一天一个突如其来的打击从天而降，我突然间意识到原来自己的生活里有这么多的问题需要面对！

那个时候我记得我打电话给一个很信任的朋友，我问他，现在我遇到问题了，学点什么对我会有帮助？那个朋友之前事业非常成功，后来花了两年的时间什么"正事"都不做，就是在国内到处上课。当时他跟我说了一句："萨提亚的课一定要上！"出于对他的信任，所以就这么一句话，我就一脚跨进了萨提亚的课堂。那是由萨提亚国际大师约翰·贝曼博士在上海开设的一个专业课程。

记者：2008年？是什么课呢？

黄琳：嗯，2008年，我飞到上海，上了贝曼老师五天的课。那是萨提亚系统培训课程的一阶，一共三个阶段。我上了五天的课，上完之后也不知道自己学了什么。那个时候如果说有人问我都学了啥，我还真说不出来。但是我能隐约感觉得到内心的喜悦和力量，而这些是在我生命里已经很多年没有体验到的。所以自己很兴奋，也就从2008年开始了跟随贝曼老师学习萨提亚模式的历程。

记者：我非常喜欢你那个湖的比喻，很美。公司竞聘的结果让你很意外，能具体说说当时发生了什么，让你突然意识到生活中存在很多问题吗？

黄琳：在那个事件之前，我一直是别人眼中的工作狂。我投入大部分的精力在事业上，那个时候一直很忙，没有时间去回头看看自己的家庭或者生活。2008年竞聘的结果是，我从部门经理，降一级成为主管。在这之前我在职业生涯里都是一路往上走的，所以当时这样的结果我是不服气的，因为如果从培训的专业能力来讲，我觉得没有其他人可以和我竞争。

我的个性，是不会将就的。所以当时我做了一个决定，没有接受主管的职位，我跟公司说，我选择做一个普通的培训师。

接下来的过程，我印象特别深刻。原来做部门经理的时候，我有个单独的大办公室，非常大的办公桌，享受这个级别的待遇。当我选择做一个培训师后，我就换了一个办公室，好多人在一起办公的那种办公室，每个人就只有一张小办公桌。

你或许很难想象我每一天走进办公室的那种感受，有一个很大的落差。这种经验对我来讲是痛苦而纠结的。每天一走进那个办公室，我就要去体验那种失落，而这又是自己的选择。所以那段日子真的让我静下心来，回头去看看我的家庭和生活到底怎么了。我发现，我的生活和家庭里也有很多问题，而过去自己从来没有真正看到。

所以也是这样一种机缘，让我开始走进萨提亚的课堂。

记者：为什么在那个失落的时候开始去看自己的生活呢？

黄琳：那个时候在工作上我已经不需要花费太多的时间和精力了，当时所承担的岗位职责对我来说是非常轻松的。

记者：就是其实那时候你的工作密度、强度都减少了，然后你空间、时间多了，是不是？

黄琳：是，而且你想想那时候所经验的那种失落感、挫败感，让你不得不把目光收回来，看回自己。

记者：似乎那时候一下看得好清楚，是吗？而在这之前自己太忙了，根本不可能有机会去触碰这些，对吗？

黄琳：嗯，以前就顾着忙，每天许多的事。把自己埋在工作里头，不需要去看。

记者：那你自己后来是怎么回看这段经历的呢？

黄琳：我自己后来回头看，发现在过去的职业生涯里，我是低头拉车不抬头看路的，或者说我太聚焦于事情，而对人是忽略的。所以当我回头去看这段经历时，我觉得其实发生那样的结果也是必然的。

当时所发生的事情真的对我是个很好的提示，让我重新停下来看看人的部分。所以现在回过头来看，我特别感谢那段经历。如果那个时候我仍然那么顺，一路这么走下去的话，可能我这辈子都没有机会重新对自己有更多、更深入的探索，然后我也没有办法经验到现在的这种宽广，这种宽广就是生命的宽度和深度！

讲到这里我特别想到那两年的历程……

记者：是指竞聘之后的那两年吗？

黄琳：是。那次事件之后，我每天都要去体验那种落差带来的痛苦。那两年，手头的工作只要稍稍花一点精力就可以完成，感觉自己没有追求，没有新的创造，无非就是在维持一份工作而已，那时体验到生命的无意义感。然后我就一直上萨提亚的课程，那是唯一能让我感觉到生命的活力和希望的。

在萨提亚的课堂里我开始经验到很多关于感受、关于内在的渴望、关于生命力的东西，然后开始听到一些发自内心深处的声音，那些声音呼唤更多的自由和生命的意义。所以那个时候的我非常纠结。纠结的地方在于，一方面内心呼唤着你去追求一些更加有意义的生活；另一方面你又有些怀疑、不确定：假如放弃了现在的生活，那自己又是谁呢！

记者：你所说的放弃现在的生活是什么意思，是离职吗？

黄琳：是，那个时候工作对我来讲，就如鸡肋，食之无味，弃之可惜。离开还是继续，当时做这个决定，我纠结了两年的时间，这里面有一个很大的恐惧。

记者：能和我说说那个恐惧吗？

黄琳：当时非常大的害怕或者恐惧就是，如果我从服务了13年的企业系统里辞职出来，那我又是谁？在过去的职业生涯里，因为专业能力在那里，所以有不错的年薪、保障和社会形象。可是如果我辞职出来，所有的这些都会失去，而未来是不确定的，我不知道我能干什么，外界又会怎样看我。所以那个时候，我非常迷茫。

当时没有想到"我是谁"这三个字，后来我回头看，那个时候最大的恐惧，在于不知道、不确信"我是谁"。未来是未知的，也有着对未知的恐惧。

当时在自己的家族里，包括我先生的家族里，大家几乎都从事着稳定的工作，在政府部门或医院、学校任职，工作到退休，都过着那种非常稳定的社会主流所认同的生活。所以说如果我辞职出来，没有了稳定的收入，变成一个自由职业者，那无论对于我的家族还是我先生的家族来说都是一个另类。所以当时我非常犹豫不决，既想往前，又害怕，所以纠结了两年，始终没有迈出脚步……直到2010年才真正下决心，辞职。

记者：那你的决心是如何下的呢？犹豫了两年，是什么让你最终做出这个决定的呢？

黄琳：我觉得在那两年里头，自己在萨提亚的课堂里面不断地成长、收获，今天去看，我们知道那就是你和自己的生命力有了更多的联结，你经验到自己更多的内在力量，当那个部分慢慢地越来越茁壮的时候，当它的力量超过了自己的恐惧的时候，最终这个决定就自然而然地出来了。

所以在我做决定的那一刻不是没有恐惧了，而是恐惧依然有，只是那个时候力量的部分更多一些，很有意思的一个内在历程。（微笑）

记者：用两年的时间做一个决定，这当中纠结的过程应该很消耗能量，对吗？

黄琳：对，就在那里纠结，然后内在的两种力量在打架。我印象特别深刻是2010年5月，我递交辞职报告的那一天。

在那天之前，我准备了好几天，终于把辞职报告写出来了。报告文字不多，但其中伴随的情感却汹涌澎湃。

那一天，我去老总办公室，我跟他说了我辞职的决定，然后把辞职信放在他的办公桌上。那一瞬间，我突然感觉老总的整个办公室亮了！很神奇，外在的环境没有改变，但你心境变了，似乎感受到的也变了。那个瞬间的体验让我自己很感动。

　　然后我从老总的办公室走出来，手里拿着一把雨伞。那天在下雨，我一路慢慢地走回家，经过一个咖啡厅，独自在那里坐了三个小时。那三个小时呢，独自一人为自己庆祝，庆祝生命里的这个决定。有眼泪，有咖啡，有好多过往的回忆。

　　我想起贝曼老师在课堂上说过的一句话："我来到这里（中国），带给你们最好的礼物是你（自己）。"当我再次默念这句话，泪流满面。那流淌的眼泪，是纪念曾经压抑的生命、挣扎的岁月，是庆祝生命新的开始。后来，一个媒体的朋友向我约一篇文章，我写的标题就是"辞职那天，是我人生新的启程"。

因为热爱，人生开始新的启航

　　记者：看上去你做一个重大决定的时候需要一点儿时间，慢慢去积蓄能量，是吗？

　　黄琳：对，看什么样的决定，当时那个决定对我来讲真的是十分重大的。

记者：你的家人支持吗？

黄琳：做完那个决定，我告诉我的父母，他们没有说什么，因为他们知道我是自己做决定的人。但当时我公公就特别着急，他急得不行了，就跑去找我父母亲，希望我父母亲劝说我收回这个决定，然后他也去做我先生的工作。但我是一旦决定就不会回头的人，属牛，呵……

记者：当时你做这个决定之前有没有跟别人讨论过？

黄琳：没有，我生命里很多决定都是我自己做的，好像不太习惯去和别人讨论。

记者：那你先生对你的决定会不会觉得很突然，他支持吗？

黄琳：一开始他是反对的，他希望我的选择更加稳妥，更加慎重。然后他开始慢慢接受，再后来看到我创办了萨提亚中心，一路走过来，慢慢地越来越支持。

记者：办这个萨提亚中心你是怎么考虑的，这是你另外的职业生涯，这个决定是如何做出来的？

黄琳：学习萨提亚之后，我觉得非常喜欢这个家庭治疗模式。那个时候我就想，我可以去做一些跟萨提亚模式相关的、有益自己、有益他人的事。把我自己的爱好同时做成我可以从事的事业。

那个时候国内的萨提亚课程非常少，当时贝曼老师也只在北京、上海开课，我们要去学习就得飞到北京或上海。所以那个时候我就在想，如果能在厦门做这样的一个中心，就会让周围更多的人有机会去学习、受益。

记者：如果是想从事与萨提亚模式相关的事，你可以做老师或咨询师啊，怎么会想到创办这样的一个中心呢？办中心可不是件容易的事，这是一个很大的决定啊。

黄琳：对，那两年一直在纠结，要不要放弃原有的职业。2010年，我在那个企业系统里已经工作13年，如果我出来，一定是做跟萨提亚模式相关的事情，我太喜欢它了。做中心就像刚才所说的，主要是希望未来可以让我们当地更多的人有机会去学习受益。

记者：所以其实在你做决定（辞职）的时候，你已开始琢磨要做这个事。

黄琳：对，只是不知道会做得怎么样，因为那个时候学萨提亚的人还很少，做这样的一件事情也不知道前景如何。

记者：听上去那时候你有很多担忧在里面，是不是？

黄琳：对，因为不确定、未知。

记者：但你的喜欢，让你有一股劲儿在做这件事。

黄琳：是的！

记者：其实你也有蛮勇敢的一面，或者说你有商业头脑，有预见性。

黄琳：我觉得是勇气和执着吧！在我生命里面一直都有。

记者：现在你怎么看当时那个决定？或者说你现在看这个决定和当时看这个决定有什么不同？

黄琳：当时就是根本不知道怎么做，就是喜欢，热爱，然后就这么跳下去了。我记得办第一次课的时候，是2010年的9月。第一个班来了十几个学员，全是我自己全国各地的朋友。当时我就跟他们说，萨提亚的课非常好，他们都很信任我，就来了。

……所以这一路过来就是喜欢，热爱，然后摸着石头过河。过去这6年的历程，就是摸爬滚打，遇到问题解决，脚湿了换鞋，着凉了添衣……

记者：其实你是有很多资源的，你之前是做培训的，你在培训行业十几年，做过部门经理，又是培训师，所以培训系统和教育系统你是蛮熟悉的，对吗？所以你的勇气和喜爱背后，还有你的工作经验在支持。

黄琳：嗯，是，可以说是一个很好的基础。过去十几年自己在培训领域的经历，是创办中心一个很好的助益。

记者：这6年来你自己是不是有许多变化？

黄琳：是，许多的变化。原来在一个大的企业系统里工作，你只是大系统的一部分，你有很多系统性的支持。可是当自己去创办一个中心的时候，你要独立去处理方方面面的事情。每分每秒你都在跟人打交道，处理各种各样的事务。所以我觉得这几年很大的变化或者说成长，就是无论外在发生什么，仍可以保持在自己的中心，坚定地走在自己想要的方向上。

我自己有一个很大的感触，从2008年学习至今，我将从贝曼老师身上学到的帮助运用到两个领域。第一个领域是如何去更深入地影响人。在过去的这些年，我以此运营萨提亚中心。第二个就是在专业上，今天我把这些学到的用在带团体、做咨询的工作上，非常深入而有效。

记者：你说在贝曼老师身上学到的更多的是如何去影响他人，这个部分对于你作为一个中心的管理者有很大的影响对不对，能否给我们举个例子？

黄琳：在过去这些年来，我看到老师一直非常有耐心地带领我们这些一直跟随他的学生，以及这些年在国内慢慢成长起来的各个萨提亚中心的负责人成长。我从老师身上看到了他是怎么去影响这些人的，他是怎么去支持每一个人的成长的。每次和老师在一起，我都会体验到他对于人的洞察和关注。即使我们是跟着老师做课程助教，但每次的助教会，老师都会把很多精力放在关注每位助教的个人的学习、个人的内在历程上。这个部分这么多年来对我帮助很大。

我自己也会花许多时间和精力支持我们义工团队成员的个人成长。所以今天在我们中心，义工、志愿者就有近百人，他们参与着非常多的工作和项目。

我们曾经举办过很多大型活动，其中很多是全部由义工来完成的。比如我们举办过的征文大赛活动，整个征文大赛组委会的成员分布在全国各地，大家用业余时间参与到大赛的组织活动中，用两个月的时间，完成了一次全国性的征文大赛。类似这样的项目还有很多。今天我们有好多义工团队的成员和盈和这个平台都有着非常深的联结。

有很多人说，包括贝曼老师也经常说，盈和拥有一个很大的义工志愿者系统。当我自己回看这个部分，其实我们没有什么特别的做法或者管理上的经验，但是我们唯一一直在做的，就是和义工成员在人的层面上联结，这个是我会花时间去做的。

所以今天很多萨提亚的国际导师来到厦门，他们很喜欢这里的工作团队，这里面很大一部分人是义工。他们喜欢盈和的氛围，以及这里的义工所提供的用心服务。而这其中我觉得非常重要的是那份联结。我时常被我们的义工所提供的服务所感动。你能看得见他们呈现出来的服务不是在完成一项工作或者一项任务，他们真的是用心在付出。

记者：那能不能这样说，在你和贝曼老师一起工作的时候，你既是他的学生，同时你作为中心管理者，其实也是他的工作团队成员之一。你得到了老师的支持和帮助，你也和老师有很深的联结，是吗？

黄琳：对，好像我自己就是这么泡过来的。在萨提亚这个领域，一直跟着贝曼老师这么一路泡过来。

记者：他带领你，起初他是个领导者，你是个跟随者。后来你自己办了中心，你自己就成了领导者，然后又有许多人成了跟随者。

黄琳：是，我用我所体验到的，我从老师那里学习到的，再去影响更多的人。越来越多的人被吸引到我们这里。

记者：这个部分也是你跟贝曼老师学到的很有特色的地方哦，能不能就这部分多分享一些？

黄琳：我觉得这些年跟着老师，自己有非常多的成长，这些成长会带给我生命本身更多的发展，让我自己体验到生命更加宽广，更加有深度。而这些我所体验到的、从老师身上学习到的，好像今天已经融入我的血液，所以今天自己做事的时候会自然而然地呈现出来。

记者：那这个过程是如何发生的呢？

黄琳：这些年和老师在一起，我会去分享我的内在，然后在自己内在的层面去工作。同时这些年，在我的个人成长上，老师给了我很多支持，比如我觉得每一次个案对我来讲都是一次自我成长，对我有非常深远的帮助。有的时候我也会通过邮件跟他分享我的历程。说到这里，我又感受到了很多感动和温暖（停顿）。

我感觉老师是在用他这个人去影响他的学生。这些年和老师学到最多的就是人的部分。有的时候我发现，当我在带团体或做咨询的时候，就会自然而然地流淌出来老师曾经说的，这些不是我脑子里想好的，有很多临场发挥出来的东西真的就是这些年和老师学习到的，这些东西已经自动化了。

记者：你学萨提亚从2008年到现在，有8年的时间了，做中心也有6年的时间了，你觉得自己比较大的改变是什么？

黄琳：比较大的改变就是幸福指数的提升，就是更多的幸福感。你可以更多地体验到喜悦和幸福，当然你也能够拥有生命中更加丰富、复杂和宽广的体验。过去你的世界很小，但今天的世界要比过去宽广得多。而在这个更加宽广的世界里面，有风有雨，有彩虹，有阳光，有雷电，有雾霾，什么都有，所以生命的体验比过去更丰富。

穿越苦痛，体验生命的本然、自由与宽广

记者：除了你的辞职外，你人生中又一个重大的事件，是你先生的去世对吗？之前你和我提到，这是你生命中一个很艰难的历程。这个经历发生在你已经有一定的成长之后，这个过程中你都体验了什么？

黄琳：打个比方，这个事件对于我当时的生活，就好比一个巨大的石头从天而降，掉落到湖里，它溅起大片的水花，同时因为石头太大了，它带来的冲击把湖底的很多沉积物都搅动起来了。整个湖瞬间失去了清澈与宁静，陷入混沌与混乱中。

先生生病到去世的历程，就好像一个非常大的波澜在生命里面，把生命深处的议题全部搅动上来。从他确诊到去世是一年多，去世后到现在是两年。过去的这三年里面，我自己的生命体验了许多被这块大石头搅动起来的冲击。如果用一个比喻来形容，就是这样的感觉。

记者：那这块石头所搅动起来的都是什么议题呢？

黄琳：好多的议题。

　　第一个议题，是关于丧失和孤单。我记得当我的先生确诊是癌症晚期的时候，医生说大概还有几个月的时间。而在这之前没有任何征兆，所以诊断报告一出来，对于我而言犹如晴天霹雳，当时体验到的就是非常无助和恐惧。那个恐惧，后来我才慢慢看到，那是我害怕万一他离开，我将要面对孤单，而孤单对于当时的我是根本不敢想象的。

　　那时的感觉，就好像一个画面，画面里他在山崖边，下面是一个很深的深渊，你看到他沿着这个斜坡一点点往下滑，那个时候我所做的就是竭尽全力去拽住他，不让他掉下去，不顾一切，哪怕自己也有可能被拖下去，就是不放手。我只知道自己不能让他走（停顿）。

　　确诊之后，接下来就是陪伴他治疗。当时自己竭尽全力试图挽回这样一个局面，所以用尽各种办法，尝试各种努力，希望他能活下去。后来我去看自己很深的恐惧，我才看到那个是关于孤单的。就是一旦他走了，我将被孤单地留下来，独自去面对许多负担、家庭的责任，那时孩子还小……

　　记者：当时孩子多大呢？

　　黄琳：11岁，上小学。当时就只是竭尽全力，那时不知道自己在害怕什么，后来才知道。

在陪伴先生治疗的过程中，有许多内心的挣扎不断涌现。那个时候因为里里外外一个人，要陪着他去治疗，同时在运作中心，忙碌的日子里疲于应付，许多的内在感受无暇处理，更无法表达，唯一能抒发内心感受的方式就是写作，当内心有很多波澜的时候，我就会用文字把它记录下来。

我记得当时的随笔中有一篇《铁路线上的VIP》，那个时候治疗不是在我们所在的城市，每次治疗都要陪他去福州的医院，所以我们成天在铁路线上来来回回。

那个时期有好大的压力，一方面我希望给先生信心，让他看到希望。我每次进病房之前，或在他面前，我都要调整下自己的状态，让他看到我的时候感受到乐观、信心和支持。对于他来讲，那个时候内心有很多的恐惧，恐惧死亡，恐惧病痛。而对我而言，我也有好多的恐惧，对未来的恐惧、担心、害怕失去他，同时有许多的压力要自己扛，里里外外。

当时治疗花了好多钱，更重要的是那种悲痛，你有可能要失去生命中至亲的一个人。我记得有一次走出病房的那一刻，在医院的走廊上，刹那间泪水像开了闸的洪水，可劲儿地流。那个时候走廊上有好多的医生和病人，那一刻啥也不管了，我就在那儿痛快地哭。憋得太久了！那个时候担着好大的担子。

记者：那个好大的担子是什么？

黄琳：就是压力，沉重而让人窒息。治疗的前半年效果还不错，到后面的几个月就急转而下，最后那个阶段，你能预感到时间真的不多了，所以那个时候，你真的要去直面死亡、分离的议题。所以，在他去世之前，我经历了好多，他去世后，我又有好多内在的历程发生。

我记得他刚去世的时候，我在我们家的房子里，老觉得房子里头好像有人，或者有鬼，非常恐惧，所以那个时候我自己也去做了心理咨询。那之后就不同了，我开始体验到，家里留下了先生好多的爱。

记者：心理咨询的过程，对你内在历程的帮助是什么？

黄琳：我觉得每一次都在推进我的内在历程。先生的去世，把生命中很多很深的议题都搅动起来，浮上水面。每次的咨询都让这些内在议题不断往前推进、转化和疗愈，现在回头看自己已经穿越了许多。我非常感谢自己坚持不断地进行内在探索和疗愈。

在过去的三年里，我自己还经验了性别这个生命深处的议题。

记者：你说的性别议题，是指你作为女性这个身份吗？

黄琳：是的。

记者：这个议题，是否让你自己感觉很意外？

黄琳：不意外，这个议题几年前就浮现出来了，只是在这个三年里面，自己在这个议题里不断地觉察、推进和疗愈。

记者：在我们的文化里，对于男性和女性，是有不同的对待的，男孩重要女孩不重要，在你的原生家庭里面曾经有这样的体验吗？

黄琳：是。在我母亲的家族里，我记得小的时候曾经听到母亲羡慕别人家有男孩，因为我们家是两个女孩。所以其实从小我就很努力，好像在心底里不服气：我们家虽然是女孩，但是不比别人差。所以这个议题，在过去的三年里面，也一直在持续地推进。

　　去年，2015年的4月，我们举办了一次贝曼老师的大型成长工作坊，在厦门。那个工作坊有二百多人参加，这种规模的工作坊在国内是第一次。贝曼老师说那是一次历史性的工作坊。

　　我印象特别深刻的是工作坊结束的那天晚上，我和贝曼老师在一起。老师每次和你在一起，都会关注你个人的内在历程。那天老师不知道问了我什么，我特别伤心。本来这样的一个工作坊一直是我想去实现的目标，也开创了国内的先河，但在真正实现之后，不知道为什么我体验到的是特别大的悲伤，但当时我不知道那个悲伤是什么。

　　一直到过后大概两周左右，我才慢慢地去看到、感受到那份悲伤。

　　那时，我看到，无论自己举办多么成功的活动，背后其实是一种证明，证明自己虽然是女性，但并不比男性差。那个工作坊给我带来的喜悦，仅仅是一瞬间，而随之而来的悲伤，是证明背后的抗争和无望，是内心深处对自己的否定和不接纳。

　　我想起来，有一次贝曼老师在给我做个案的时候，我闭着眼睛沉浸在自己的内在历程里，当时老师说了一句话：

"You are a human being in the form of female.（你是一个人，有着女性的存在形式。）"当他那句话一说出来，我睁开了眼睛，似乎那一瞬间，整个世界都亮了。

我突然间体验到过去那么多年来，好像自己无意识地铆足劲儿地想证明，作为女性，我不比男性差。其实在那个背后是一个隐藏的无力抗争的信念，就是女性和男性是不同的，或者说女性在某些方面是劣于男性的。

当我听到老师那句话，你是一个人，有着女性的外在形式。那一瞬间我突然间意识到，无论是女性还是男性，都是人，都拥有生命发展所需的一切内在资源。并不因为你是女性你就比男性少一些什么，或者说在某些方面劣于男性。所以当老师说出这句话的时候，我突然间感觉看到了一个崭新的、广阔的世界！

那天做完个案，我独自在珠江边散步，那么自在，身体体验到从未有过的轻松。所以我很感谢这几年的经历，虽然当时备感艰难，但这些经历让我有机会在生命更深的层面中去穿越、转化、疗愈。

　　记者：听到你说这些，我对你有了新的发现和了解。当生命中有一些重大的事件发生，你并没有被这些事件击垮，而是运用这些重大的事件和议题，帮助自己去成长。你当时是怎么选择帮助自己成长的呢？

　　黄琳：当时没有想到要运用这些去成长，当时是自己难受得不行了，痛得不行了，真的需要帮助了。

　　记者：需要寻求帮助，是吗？

　　黄琳：是的，真的是。我记得我先生是2013年1月份诊断出来癌症晚期，然后我开始陪伴他治疗。到8月份的时候，我已经陪他走过了半年的治疗历程，在那半年里我自己内心累积了好多的压力，以及排山倒海的压抑的感受。那时候，我知道贝曼老师在上海开成长工作坊。那时我感觉到自己电池的电量几乎耗尽了，再不充电，人就枯竭了。我就好像一根蜡烛，光亮已经很微弱，快灭了。当时我就跟老师说："我需要你的帮助。"然后就飞到上海去，回到老师的课堂。

　　记者：你找到了合适的人，合适的人也愿意帮助你。贝曼老师算不算是你生命中的一个贵人？

黄琳：我觉得是的！这几年从老师那里获得的所有帮助与支持，是此生非常大的幸运，上天的礼物！

我记得很清楚，2014年2月中旬（我先生是2014年3月初去世的），那时老师来到厦门进行萨提亚进阶课程第二阶段的教学。那个时候我已经没有办法去课堂现场，那些日子是我先生生命最后的时光。那时候我经历着许多回天无力的悲痛，很快要失去生命中的一个至亲。

我记得那天老师刚下飞机，从机场到酒店的路上给我打了一个电话。电话接起来的那一刻，我已经说不出来话了，那时心里压着巨大的悲痛，勉强能从嘴里蹦出几个简单的英文单词。然后电话那头传来贝曼老师的声音，老师说："Hi，Jane，Take it easy."从老师简短的话中，你能感受到他对你的关怀，以及他对生命的热忱，你知道，天还没有塌下来！老师说："你照顾好那边，我们会照顾好课程。"

老师的这通电话，给了我非常大的支持，我知道有老师在那边，我可以放心课程的事。那种感觉就好像一个快溺水的人几乎无法呼吸，突然有一口新鲜的空气进来，进入你的身体里。那对于当时的我是非常大的精神上的支持！

记者：你对老师也是非常信任，联结也是非常深的。虽然只是很简单的几句话，但是你收到的内容却是很丰富的。

黄琳：是的，非常深的联结。

记者：听起来你生命中这两个大的事件，第一个事件是你辞职开启了生命中新的职业生涯；第二个重要的事件，是你经历了生命中的丧失，在这个过程中体验痛苦，却推进了自己的成长，做了很多内在清理和疗愈。这部分好像不仅对你个人的成长有帮助，也帮助了你的事业，甚至渗透到每一个维度。但根本还在于你的个人成长带动了其他维度的发展，是吗？这个经历很特别，你的成长有点像萨提亚说的一个重大事件的发生带来了你生命的巨大混乱。

黄琳：对，一个重大事件的发生，把你整个人卷入生命的巨大漩涡里去了。

所以从另外一方面看，自己是很幸运的。虽然经历了生命中的这些事件，但好像这些事都成为自己成长的契点，或者说经由这些经历获得了成长。

记者：想象一下，如果你没有学习萨提亚，没有从萨提亚模式中得到帮助，一个普通人在经历这些事件后会发生什么呢？

　　黄琳：也许会去自救，也许有别的可能，但可能结果不会像我现在，拥有这么多的可能性和自由。但一定会去自救，这是人的本能。

让光进来，点亮你的世界

　　记者：那么现在来看，关于这些议题你又在哪些位置呢，比如说孤单，你现在又走到哪里了呢？

　　黄琳：我觉得，在这些议题上，自己在不断地往前推进，或者说在不断进化的过程中。

　　关于孤单，在2014年12月，我曾经写下了一段文字。那段文字，来源于一天晚上以及第二天清晨的内在体验，当时有几个字跳入我的脑海：单独却完整。

　　那个体验非常有趣，那天晚上下着雨，空气中弥漫着浓厚的湿气。我沿着海边的木栅道独自散步。既冷又下着雨的夜，整个海滩几乎没什么人。我在木栈道上走，偶尔能遇到人，但凡是遇到的，都是成双成对的情侣。

　　我拿着伞，在阴雨的晚上独自走在木栈道上，孤单的感觉好像浸润在每一个脚印里。

　　在某个地方，有一对情侣迎面向我走来，女的挽着男的的手。那样的画面忽然让我看到自己的过去。过去的自己就是这样的，一直希望生命中有另一半的庇护或是陪伴。过去生命里一直在追寻这样的感觉。

　　那时突然间体验到，其实很多的伴侣，即便他们在一起，内心仍然是孤单的。所以那天晚上特别有感而发，写下了一段文字：

　　2014年12月19日夜，我的随笔

　　雨雾蒙蒙，独自一人，散步在这里的木栈道。栈道沙滩空无一人，海天雾气蒙蒙，对岸的灯光在迷雾中影影绰绰。那一刻，孤独与悲伤如水印般，浸润在每个脚步留下的足迹里。继续前行，生命中的许多铭心的片段浮现眼前，出生，童年，少年，青年，婚姻，一路的镜头，一路的追寻，来到现在的自己。

　　偶尔有人走过，几乎都是情侣。看着他们，仿佛看到自己，曾经期待经由关系完满自己，摆脱孤独，最终亦是徒劳。突然浮现曾经看过的一句话：单独却完整。

继续前行，独自，却不孤单。带着生命中所有色彩（粉色、灰色、绿色、黑色……），承认，拥有，重归宁静。在蒙蒙的水雾中温暖回家。

第二天清晨，阳光明媚，在蓝色的海边，我又写下了那时当下的感受：

2014年12月20日清晨，我的随笔

昨晚一觉到天亮，畅快舒适。睁开眼睛，窗外是蓝天艳阳，一刻也不愿耽误，迅速收拾出门，迎向明媚的冬日。蓝色的海天，绵延的沙滩，海面如金子般闪耀着波光。

散步，驻足，随着音乐律动，坐着晒太阳。世界美而丰富，自己亦以完整的生命成为其中的一部分。不再缺憾，不再追寻，不再需要依赖。此刻，就是完满。真切地感受到，自己踏实地存在于这个星球之上。

风大了，海面上的波光亦如银河般流动跳跃起来。

这两日，生命体验、成长、穿越的速度亦如这风、这波光，一路跳跃前行。生命深处的课题，亦翻过里程碑的新一页。仿佛自己重新踏上这个星球，崭新的旅程已开启！

黄琳：这就是我在孤单这个议题上一次非常重要的体验。这个体验让自己在内在历程中又往前迈了一大步。而"单独却完整"这几个字，留在了我的生命里。

记者：当你经验到内在的丰富时，你会用文字记录下来，似乎每一次记录，都是你的某一个特别感悟或某一个成长的阶段，而这些正是你生命成长的一个见证，是吗？

黄琳：是的，所有的这些文字都是自己生命体验的呈现，内在感受的抒发，这是非常真实和宝贵的内在历程的记录。

记者：听你这么说，让我想到了"能量"这个词。有些人喜欢画画，有些人喜欢写诗。而每一幅作品都不是偶然的，其实都是内心世界的呈现和能量的流动。我曾经去看画家莫奈的作品，在他不同的生命阶段，他画的画呈现出不同的风格和元素，那个其实也是能量的流动。所以说：每个人都是生活的艺术家，都是自己的人生的艺术家。

黄琳：现在特别能感受到这一点，它是一个内在的表达，内在的世界经由不同的方式，可能是文字，可能是画，可能是声音，也可能是舞蹈，呈现出来。

记者：所以贝曼老师经常说彰显你的生命能量，这也是你彰显的一部分，是吗？

黄琳：是的。

记者：在对萨提亚模式学习和运用的过程中，有没有让你感到困惑的地方呢？

黄琳：曾经有过困惑，就是学习了萨提亚，如何把它运用在自己的生活里。后来我发现，每一次当你从内在去体验一些东西（比如说让你难受的部分）的时候，你就可以对内心所体验的部分进行工作，这本身就是一个很好的运用。通常你都能经由内心的工作对自己有更多发现，从而成长更多。

记者：你从什么时候开始意识到这一点的？

黄琳：大概五六年前吧。平平淡淡或风平浪静的生活里，其实很难想到这些，很难想到要把萨提亚模式用到你的生活里。但每次当我遇到让我头疼、难受的事情时，或是当我被触动、痛得不行了，这个时候我就会想，我得想办法帮助自己……

记者：请你用一句话来形容萨提亚模式。

黄琳：萨提亚模式在我生命中就像一束光，照亮了内在的世界。从一个角落到另一个角落，更多的角落被照见，内在的世界更加敞亮。原来自己的生命中有好多好多的珍宝！

记者：这束光是什么呢？

黄琳：是生命力，是爱。

记者：在学习萨提亚模式的这八年，你体验到这部分，是吗？

黄琳：是的，我体验到了自己生命状态的改变，也见证、陪伴了许多生命的改变。而这些，让我对生命充满希望。

记者：我了解到你喜欢冥想，冥想给你带来了什么呢？

黄琳：我最初的冥想，是在贝曼老师的课堂上体验的。刚开始的时候，脑子里总有许多念头，无法安静下来。然后我慢慢地爱上冥想，每次冥想都感觉身心放松，它是心灵的

SPA。

　　后来我开始在团体和咨询中带领冥想，很多朋友很喜欢，他们把我的冥想音频放在家里听，给孩子、家人听。他们给我发来了自己听冥想后的感悟，我看到人们经由冥想带来了如此丰富的体验与收获。这些也鼓励我继续在冥想创作上不断深入。

　　带领冥想的过程，对我而言是一种享受。每个冥想都是现场的创作，就如一幅即兴的水墨画。冥想的语言与文字，如散文般优美。它帮助人们安静下来，使大脑进入开放的状态，与自己联结，归于宁静，并带来转化、疗愈。

Part
−2−

冥想文

一、开启新的一天

新的一天，从和身体的联结开始

今天，我将如何陪伴自己

新的一天，从自己的选择开始

带着接纳与关爱，开启新的一天

带着更完整的自己，迎接新的一天

新的一天，从和身体的联结开始

导读:

这篇冥想，可以在一天开始的时候，给自己几分钟的私享时光，用来陪伴自己，让自己准备好，开启新一天的时光。

它好比清晨的活力清茶，帮助你更好地与自己联结，更加专注，充满活力。

正文：

现在，把你手中所有的东西放在一边。

选择一个舒服的座位，让自己的脊柱保持直立而放松，双脚踩在地板上。

当你准备好了，就可以让自己慢慢地闭上眼睛。

今天是新的一天。

在这样的一个早上，让我们准备好自己，开启一天的时光。

让我们从关注呼吸开始。

尝试让自己做一个深长的呼吸，体验空气进入你的身体，然后再从你的身体里呼出。

尝试去感受身体的每一个地方。

让我们先从头顶开始。

你能感受到自己的头顶吗？你的头顶，向天空敞开。

每一天，来自宇宙的能量，经由你的头顶，进入你的身体。

此刻，能否在心里给自己的头顶一次轻轻的抚摸？温柔地，温暖地。

然后，我们再往下，经过你的额头，到达你的鼻梁，嘴唇，下巴。

当你的意识经过一个地方，你能否尝试轻柔地和它打一声招呼？

在这样的一个早上，给自己身体的每一个部分一个温暖的拥抱或者问候。

同时，在你的每一次吸气和吐气中，让自己的身体越来越放松。

然后，你再往下，到达你的喉咙，肋骨，胸部，腹部，骨盆，大腿。

你开始细微地去联结身体的每一个部分。

当你一路往下，你可以想象，来自上天的温暖的能量，沿着你的身体，一路贯穿而下。

　　然后再由大腿到达膝盖，小腿，脚踝，脚掌。

　　与此同时，你的脚掌接触着大地，来自大地的能量经由你的脚掌进入你的身体。

　　这两股能量在你的体内交汇，滋养着你。

　　我们都拥有来自上天的能量，也拥有来自大地的能量，

　　这两股能量，随时随地和你在一起。

　　感受天地的能量在你的身体内流淌，

　　而你身体的每个部分，在这样的滋养中充满活力。

　　再次让自己深入地呼吸，感受此刻身体的感觉。

　　当你准备好了，再让自己慢慢地睁开眼睛。

　　开启新的一天。

今日主题：

新的一天，从与身体的问候和联结开始

天地能量

活力

我的所思所感：

黄琳老师冥想听众感悟摘选：

> 听黄琳老师的冥想，我发现自己很容易静下心来，仿佛进入了一段美妙而神奇的内在旅程。感恩！

今天，我将如何陪伴自己

导读：

这篇冥想，可以在一天开始的时候，给自己几分钟的私享时光，用来陪伴自己，准备自己。

它帮助你保持一个更加清醒的意识，让自己在外在忙碌的同时，关注自己的内心世界，帮助自己更加和谐一致。

正文：

当你准备好了，就让自己慢慢地闭上眼睛。

去感受，此刻，你的身体的感觉。

你能感受到你的背靠在椅子上，你的脚掌接触着大地。

当你有意识地把关注力放在呼吸上，

你能感受到空气进入你的身体。

现在，尝试让自己在每一次吸气中，

把空气带到身体更深的地方……

你可以想象空气经由鼻腔进入喉咙，

再往下，到达锁骨的位置，

然后，是胸部，横膈膜，腹部。

在每一次吸气中，空气越来越深地进入你的身体。

假如在这个过程中你遇到了障碍，

能否就只是轻轻地给它一个允许，

并接纳这个感受，

然后在接纳、允许、开放的氛围中，

感受一下你的身体在体验什么。

今天是某年某月的某一天，

对我们每个人来说，

这是你生命中的一个点，或者是一小段旅程。

在这样的一天，

你将如何去陪伴自己，

你会如何感受自己?

今天，你能否让自己保持一个清醒的意识，

看看外在你说了什么，做了什么，

而你的内心又在发生着什么。

你对自己、他人有怎样的期待，

你有些什么感受浮现，

哪些感受你接纳，

哪些感受你逃避，或者试图压抑?

当外在发生了什么，你有一些怎样的想法、念头？

在内心更深的地方，有什么信念在影响着你？

在你心里，自己真正想要的是什么？

你所做的，和你内心真正想要的一致吗？

你在完成别人的期待，

或者，你在满足自己的需要，

或者，你能同时兼顾到自己、他人与情境吗？

在这样的一天，让自己保持一个清醒的意识，

可以同时感受，自己的内在的发生。

也许你可以尝试，

让自己的内在与外在更加和谐一致。

再给自己一点儿时间，就只是和自己在一起。

今日主题：

你将如何陪伴自己，感受自己

你所做的，和你内心真正想要的一致吗

在你心里，你真正想要的是什么

我的所思所感：

黄琳老师冥想听众感悟摘选：

"

谢谢黄老师的引领，美丽的声音听一

天都不累，感觉让心灵放假一般地轻松、

自在。

"

你是自己的掌管者，你无法改变外在的发生，但你可以掌管你内在的感受。

——黄琳

新的一天，从自己的选择开始

导读：

这篇冥想，可以在一天开始的时候，给自己几分钟的私享时光，用来陪伴自己，准备自己。

它帮助你意识到，在每时每刻，你拥有自己的选择，而你的选择，也在创造你的生活。

正文:

今天是新的一天,

在今天开始之前,让我们先花几分钟的时间和自己在一起。

现在让我们先把关注点放在自己的身体上。

在每一个呼吸里,你尝试让自己的身体更加地放松。

无论你是否意识到,你的身体每时每刻都在进行着自我更新。

在新的一天开启之初,你希望给自己带来一些什么呢?

你有着许许多多的选择。

你可以选择在接下来的每一个时刻,带进来更多的好奇或接纳,欣赏或感谢。

你可以选择由自己来创造每一个美好的瞬间,

哪怕是眼神的温暖交汇,

哪怕是你看到了自己,看到了他人,

哪怕在某一刻感动得流下眼泪……

所有的这些，你都可以选择。

假如你的眼前有一大张白纸，白纸上有几个黑点，

你可以选择你要关注什么。

你可以选择关注那几个黑点，聚焦那几个黑点，然后你被黑色淹没。

你也可以选择关注黑点以外更多白色的部分，

你知道有问题存在，但那不是全部。

每时每刻，你都拥有自己的选择。

在生活中，当你面对你的伴侣，面对你的孩子，

你常常选择更多地关注什么呢？

你关注他们的缺点，他们带给你的失望，他们是否满足你的期待，

或是你能够更多地看到这个人？

而一个更加重要的问题是，

当你去关注你自己，你常常关注自己的什么呢？

假如你的生命如同那张白纸，

你更多地关注到自己洁白美好的部分，

还是你常常盯着自己的缺点、不足，

就如白纸上的黑点?

所以在这样的一个早上，你就让自己去尝试看一看，

在今天新的一天，你将选择更多地关注什么，更多地给

自己带来什么。

再一次让自己深深地吸气，缓缓地吐气，

去体验，在每个时刻，你都可以选择更加有意识地

呼吸，

帮助自己的身体更加放松，更加轻盈。

再给自己一点点的时间，就只是和自己在一起。

当你准备好了，再让自己慢慢地回到这里。

今日主题

你的身体每时每刻都在进行着自我更新

每时每刻，你都拥有选择

新的一天，你可以选择关注什么，给自己带来什么

主题延展：

关于选择

——从我们出生开始，直到生命的最后一刻，我们都拥有选择。

——选择，小到每时每刻的呼吸，大到人生的抉择，无处不在。

——萨提亚模式中，人的成长目标之一，就是拥有更多选择，从而带来更多的自主权、力量和自由。

——萨提亚女士说："凡事至少有三种以上可能。"假如你被困住了，常常是你觉得无路可走，或别无选择，只有当你看到更多的可能性，你才拥有更多自主、轻松和自由。

我的所思所感：

黄琳老师冥想听众感悟摘选：

> 我每天入睡前都要听黄琳老师的冥想，给我带来很大的疗愈，很受用！感谢老师的关怀与陪伴！且行且珍惜，且行且接纳。

带着接纳与关爱，开启新的一天

导读：

这篇冥想，可以在一天开始的时候，给自己几分钟的私享时光，用来陪伴自己，准备自己。

它帮助你在新的一天，更加温柔地对待自己，联结自己，带着接纳与关爱，迎接并享受每刻时光。

正文：

今天是新的一天。

在早上开启新的一天的时候，你是否愿意花几分钟，

去核查一下，你在哪里，

你能否享受此刻新鲜的空气？

你知道，在这个当下，

所有的过去，都留在时光里。

就像我们的日历，当每一天结束，属于这一天的一页，

就会被翻过去。

今天，属于我的，是新的一天。

假如现在你看一看过去，你能否让自己检视一下，

过往的时光，有哪一些在自己的生命里留下了痕迹和

影响。

而在这些痕迹和影响里面，

哪一些，你希望带进未来的生活，

又有哪一些，你需要去疗愈、穿越，或者放下，

然后帮助自己，更加轻盈地迎向未来。

此刻，让自己深深地吸气，将空气带进自己的身体，

感受一下此刻身体哪些地方比较放松，哪些地方有点

紧，或是有些淤堵。

在下一次吸气中，将空气带到那些紧张的地方，

温柔地告诉它：谢谢你，我爱你。

假如你可以，你能否给它一个道歉，发自你内心的真诚

的道歉。

也许，过去很长时间，你忽略了它，没有好好地照顾它。

然后，去感受下，身体体验到了什么。

此刻，无论有任何事发生，即便是眼泪要流出来，你能

否给它一个允许。

你知道，所有的发生就只是一个信使，希望把你内心深

处的讯息，带给你。

也许在过往太多的时光里，你没有机会温柔地对待自己。

但在今天，这个新的一天，你能否让自己尝试，新的开始。

所以，能否在这一刻，让自己深深地吸气，将接纳与关爱带给自己。

也许在过去，你不习惯给予自己这些。

但正如一条河流，河里的流水每天都不同。

而你，也一样，每天都有机会更新、改变，与成长。

就在此刻，你能否让你的每个细胞，

吸入新的空气，感受此刻的温度、此刻的风、此刻空气中的气息。

然后，真切地意识到，

你将带着对自己的接纳与关爱，开启新的一天。

今日主题：

今天，属于我的，是新的一天

带着接纳与关爱，开启新的一天

帮助自己，更加轻盈地迎向未来

你，每天都有机会更新、改变，与成长

主题延展练习：

我接纳我的眼睛

我接纳我的眼睛。

尽管它们看起来并不完美，但它们帮助我看见这个世界，

这个世界的光，这个世界的色彩，这个世界形形色色的

人、事、物。

经由这样的看见，我和这个世界，和我爱的人，爱我的

人，彼此联结和互动。

经由这样的看见，我可以自由行走在广阔的天地，自由

地体验生活百味。

　　所以，

　　我感谢我的眼睛！

　　我将手掌轻轻地放在我的双眼上，

　　深深地吸气，

　　想象经由手掌，我将接纳、关爱与感谢，传递给我的

眼球。

　　这一刻，仿佛眼球上的每个细胞都在吸收着这样的滋

养，温暖而柔软。

　　我，

　　温柔地对待自己，

　　温柔地对待我的眼睛。

　　（你还可以将这样的练习，延展到你身体的其他部分，

耳朵、手指、双脚…………）

我的所思所感：

黄琳老师冥想听众感悟摘选：

　　每次听黄琳老师的冥想都有不同的体验。今天上午我又静静地听了一遍，听完心中满满的感恩，泪流满面！

　　萨提亚模式，可以帮助你去疗愈过去对你的影响，然后立足现在，走向未来。

——黄琳

带着更完整的自己，迎接新的一天

导读：

这篇冥想，可以在一天开始的时候，给自己几分钟的私享时光，用来陪伴自己，准备自己。

它帮助你意识到生命中更丰富的各个部分，以及自己的内在核心，并在生活中更统整地运用它们，帮助自己更有创造力，更加幸福快乐。

正文:

今天是新的一天。

在接下来的时光中，你将会走过这一天的每一分钟、每一小时、每一个半天…………

就在此刻，你希望怎样去开启新的一天?

你将带着自己的哪个部分，一起走进今天，

是你的身体，你的感官，你的头脑，你的感受?

是其中的一个部分，某些部分，

还是你能够尝试带进来更多?

有时，我们常常只带着头脑在生活，

我们做着"应该的""合适的"事，

却忽略、压抑、否认自己的感受。

有时，我们只关注感受，

当强烈的情绪涌起，我们常常陷入其中，被情绪淹没。

有时，我们忽略身体传递的信息，

只是让头脑成为我们行动的指挥官。

然后一段时间后，身体只能用特别的方式，可能是身体的某些症状，

传递给你信息。

无论是哪种方式，你都会发现，它无法帮助自己更加健康、幸福、快乐。

所以，当你开始体验，

这一天中，每个新的一秒，一分钟，

你能否，

带着更加完整的自己，

带着对自己的爱，

一起前行。

你可以想象一下，

你的生命如同一条河流，

你的身体，你的感官，你的头脑，你的感受，你生命中的每个部分，

好比是河流上游的支流，

这些支流的水源源不断地汇集到河流中，

河流更加丰盈、饱满，

水流奔腾，呈现着无限的生命力。

这样的河流，可以孕育丰富的自然资源，滋养两岸的

土地。

而当你的生命，可以包含、容纳生命中更多的部分，

它也将更丰富，更有创造力，更加健康、幸福、快乐。

现在尝试让自己感受一下，自己内在的核心。

你生命中所有的内在精神，都蕴含在你的核心中。

正是经由它，你走过了生命到目前为止的岁月，

也许还有二十年，三十年，四十年，甚至更多的旅程。

所以此刻，能否让自己带着一份欣赏，

去接触和联结你自己。

尝试着让自己深深地吸气，缓缓地吐气。

去感受，此刻，

你带着生命中丰富而完整的所有部分，

迎接新的一天。

今日主题：

迎接新的一天

更加完整的自己

你的生命，当它包含、容纳更多，也将更丰富，更有创造力，更加健康、幸福、快乐

主题延展：

——人的头脑、情感、身体，是相互影响、相互作用的。在过去很长的一段时间，人们认为生理的问题找医生，心理的问题做心理治疗。随着各学科研究的深入发展，身心医学诞生了。人们发现，人的各个部分是相互影响的，当各个部分更和谐一致，人就更加身心健康。

——萨提亚女士认为，人的生命力由八个不同的部分组成，她称之为自我的曼陀罗。它包含：身体、智力、情感、感官、环境、互动（或关系）、营养、灵性。这八个部分相互影响，相互作用。当人可以在这些方面照顾好自己，生命就更加平衡，充满活力和创造力。

（如果你希望更详细地了解这部分，可以阅读《新家庭如何塑造人》第五章"你自己的曼陀罗"，作者维吉尼亚·萨提亚。）

我的所思所感：

黄琳老师冥想听众感悟摘选：

> 老师的声音疗愈力好强，感恩！在老师的冥想中，我惊喜地发现真实的自己，那一刻，我欣喜若狂，为找到真实的自己而感动！

二、自我联结与滋养

天地间的一棵树

联结内心的世界

满足自己的渴望

关爱自己，世界上最重要的人

来自生命过往的声音

把关怀和慈悲送给自己

天地间的一棵树

导读：

为了帮助自己，更好地感受这段冥想希望带给你的信息，你可以找个安静的地方，给自己私享的几分钟。

它帮助你意识到生命成长的需要，以及满足这些需要的途径；帮助你感受到希望、力量与美好未来。

正文：

让我们开启一段冥想的时光。

让自己舒服地坐在椅子上，你可以感受到自己的背靠在椅背上，

双脚平放在地板上，感受自己与大地的联结。

当你准备好了，让自己慢慢地闭上眼睛。

现在让我们把注意力慢慢地收回自己身上，

就在此刻，全然地关注自己，

这个世界上最重要的人。

无论周围在发生什么，或者外在有什么人或事在困扰着你，

你能否让自己在接下来的几分钟，

把全部的关注给予自己。

想象一下在我们吸入的空气中，

蕴含着宇宙间所有的养分。

我们知道，地球上只要有阳光，空气，水，地球上的生物就会生生不息。

而作为人，我需要什么呢？

我需要爱、关怀、尊重、认可、自由、归属感……

这是一个人得以健康成长所需要的养分。

而所有我需要的这些，

我希望从外界获得，

还是我能够开始学习，满足自己的需要？

假如有一天，

所有这些，就如空气一样，随时可以轻松地吸取，

同时轻松地把不需要的排出体外，

那时，我就像这天地宇宙间的一棵树，

自我滋养，满足，枝繁叶茂。

当我可以这样，

我就可以和另一棵树一起，

彼此独立，繁盛，相互欣赏，

享受彼此的联结，关爱。

你能否想象一下这样的画面，

想象自己是郁郁葱葱的大树，

在天地宇宙间生长，舒展，彰显着自己的生命力。

小鸟在你的树枝间跳跃，你的树冠下生长着茂密的草和五颜六色的小花……

就让自己去体验这样的感受。

然后留意此刻自己的身体，

只是去留意并觉察，

同时允许任何事物的发生。

再给自己一点点的时间，

当你准备好了，慢慢地回到这里。

今日主题：

生命需要什么

所有我需要的，我希望从外界获得，还是我能够开始学习，满足自己的需要

生命可以自我滋养、满足、生长

我的所思所感：

黄琳老师冥想听众感悟摘选：

> 黄老师的声音，缓缓而入，穿透心灵，就是疗愈的妙药，大气易深，大道简行，给我带来许多帮助和学习！

　　就在此刻，给自己一点点时间，去陪伴这个世界上最重要的人，那就是你自己。

　　　　　　　　　　　　　　　　——黄琳

联结内心的世界

导读：

为了帮助自己，更好地感受这段冥想希望带给你的信息，你可以找个安静的地方，给自己私享的几分钟。

这段冥想帮助你联结自己的身体，联结自己内心的世界，感受自己生命的核心，帮助你更安定，意识到自己生命中更丰富的部分，从而更加内外和谐。

正文：

感受一下此刻，你的身体和椅子的接触。

让自己深深地吸气，

感受新鲜的空气，进入你的身体。

你能否想象一下，

在你的身体内部，有许多的管道，通向你身体的每一个角落。

每时每刻，你所吸入的空气，

会经由这些管道，输送到你身体的每一个地方。

你的身体，会自动地吸收它所需要的养分。

你可以感觉此刻，

你身体的某些地方，空气可以顺畅地到达。

同时，也许有些地方，有些淤堵或僵硬。

假如有这样的地方，你能否尝试一下，

　　将你的手掌放在那里，去感觉你的手掌和那里的皮肤的
接触。

　　然后，把你的注意力放在那里。

　　在下一个呼吸里，

　　你想象一下你吸入的空气，可以到达你手掌下面的位置。

　　随着你的吸气，你手掌下的肌肤也随之扩展、隆起。

　　让自己深入地吸气，

　　把你的呼吸、注意力、抚触、肌肉的扩张起伏，同时带
到那里。

　　每次吸气，手掌下的位置随之隆起，

　　每次呼气，手掌下的位置随之回落。

　　用这样的方式做两三次深呼吸，

　　你再去感觉，那个地方有些什么细微的不同。

　　想象一下，此刻，

　　你在一个远远的地方看着自己。

　　你看到一个怎样的你?

你会怎样描述此刻的你,

你会用什么形容词来形容自己?

此刻,

有一些什么感受在内心浮现?

兴奋,焦虑,疲惫,平静,担心,或是其他什么?

有一些什么样的念头或想法,

飘过你的脑海?

更深入地,

你能否听到自己内心深处发出的声音?

也许这时候,那个声音只是窃窃私语,

也许,那个声音很洪亮……

你能听得见它在说什么吗?

也许它在说出你内心真正想要的

或是你的渴望,你的梦想。

很多时候,也许你听不到它的声音,

但那个声音，每时每刻，

都存在于我们的生命中，

驱动和影响着我们的行为。

假如你能够再深入一些，尝试找到你内在的核心。

那个平静、喜悦的地方，

那里，蕴含着你的生命力，

你像珍宝般独一无二、珍贵的生命力。

它与生俱来，经由它，你和宇宙联结，

成为宇宙的一部分。

想象一下，我们走在海边的沙滩上，

空气，微风，阳光，每时每刻，都和你在一起。

有时，乌云遮挡了天空，

你看不到太阳，

但，太阳并没有消失，

它始终在那里，亘古不变。

再一次，你深深地吸气，

感受空气经由鼻腔，进入你的身体。

感受你的身体里，所包含的如此丰富的世界。

再给自己一点点时间，就只是和自己在一起。

当你准备好了，再让自己慢慢地睁开眼睛。

你可以去感受，

当你的眼睛慢慢地睁开，

周围的环境一点一点地进入你的视线，那是一种怎样的

体验。

今日主题：

呼吸

联结你的身体

内心深处的声音

你内心真正想要的，或是你的渴望，你的梦想

有时，乌云遮挡了天空，但，太阳始终在那里，亘古
不变

我的所思所感：

黄琳老师冥想听众感悟摘选：

　　在黄琳老师的带领中，一切都那么自
在、放松。我们领略了老师十年磨一剑、厚
积薄发的引领功力。每个冥想都那么舒缓有
度、张弛有力、恰到好处，总能把我们带往
回家的路。感谢这样的遇见！很美！

满足自己的渴望

导读：

为了帮助自己，更好地感受这段冥想希望带给你的信息，你可以找个安静的地方，给自己私享的几分钟。

这段冥想帮助你经由关系，看到自己内在的感受、内心柔软的地方，以及内心真正的需要。体验到自己如何滋养、满足自己。

正文：

请找到一个让自己舒服的姿势坐好，

接下来我们将开启一段与自己在一起的时光。

当你准备好了，就可以慢慢地闭上眼睛。

现在，从关注你的呼吸开始。

你尝试让自己更加深入地吸气，缓慢地吐气。

接下来的时间，我邀请你，

去关注，自己内心丰富的世界。

回看过去每一天的生活，

假如用几个形容词来形容你的生活，

你会想到什么呢？

在你的生活里，

每一天忙忙碌碌，

每一天你和伴侣、孩子，也许还有你的同事，或者你身边的其他人，在一起。

你们的关系，是彼此滋养的吗？

在这些关系里，你是否有些期待，没有被满足？

也许对方对你也有期待，而他（她）也觉得失望。

当你们在一起，

你们分享彼此的内心感受吗？

你们能享受亲密吗？

在这些人中，

假如让你选择一个此刻你最想去面对的人，

你会选择谁呢？

或许，是你的伴侣，

或许，是你的孩子，

或许，是你的父亲，或者母亲。

你想象一下，此刻，他（她）就站在你的面前。

留意在你的心里，有些什么样的感受浮现。

焦虑，难过，失望，愤怒，委屈，温暖，或是别的
什么，

就只是让自己留意到这些感受。

然后，让自己去发现，也许在你心里面，

有一些你真正想要的，

或者你希望对方能满足你的，

也许，

你从来没有和对方说过。

就在此刻，你能否让自己去感受下，

在自己心底，那些柔软的地方。

也许，是你一直藏着、盖着的地方。

在每个人的内心深处，总有些部分柔软、脆弱，

平时像海蚌一样，

我们用坚硬的壳，把那个部分包裹起来。

当我们独处的时候，

才有机会去体验或者品尝，内心的感受。

那个柔软的部分，在说什么呢？

也许它在说：

"我渴望被听到、被看到，

渴望被接纳、被关怀，

渴望被认可。"

或是，"我渴望自由……"

就只是让自己去听听它的声音。

接下来，我要邀请你，

为自己做一个小小的尝试。

你能否从心底送给自己一些温暖，接纳，关怀？

想象一下，这样的能量，

从你的心的位置，开始慢慢向周围扩展。

假如这个能量，是有光亮和色彩的，

感觉一下，那是什么颜色？

这个光，从你心的位置，向你身体的其他地方扩展。

慢慢地扩展到你的手臂，你的脖子，你的头部。

也扩展到你的腹部，盆腔，

然后一直到达大腿，小腿，脚掌。

你能否体验，此刻，这样的一股能量，

充盈着你的身体，也照亮了你的身体?

现在，你的身体感觉如何，

内心又有什么感受浮现，

和刚才有什么不同?

再给自己一点点的时间，

就只是和自己在一起。

去陪伴这个世界上最重要的人，

那就是你自己。

今日主题：

内在的声音

在我们的内心深处，总有些部分柔软、脆弱，平时我们
用坚硬的壳，把那个部分包裹起来

内心的柔软，在说什么

温暖、接纳、关怀

自我滋养

我的所思所感：

黄琳老师冥想听众感悟摘选：

"

　　昨晚，我再次听老师的冥想，发觉自己已走在爱的能力增长的旅途上，童年的经历留下了许多痛苦的印记，你的冥想让我开始在爱的旅途上修复……你的冥想，我女儿睡前必听。有意思的是，她只想听描述自己出生的那段……感谢老师，也感谢自己一路的努力与坚持，我看到了自己的成长，由衷地感到喜悦！

"

　　在与个人、家庭工作的过程中，我常常见证生命中的各种风暴。或乌云，或暴雨，或纠结，或迷茫。无论外在发生怎样的故事，不变的，是生命成长和完满的需要，以及超越自我意识的生命力。

——黄琳

关爱自己，世界上最重要的人

导读：

为了帮助自己，更好地感受这段冥想希望带给你的信息，你可以找个安静的地方，给自己私享的几分钟。

这段冥想帮助你学习关照自己的内心，关爱自己，把心底里最深的爱送给自己。

正文：

接下来，花一点点的时间，和自己在一起。

大多数的时间，你那么忙碌，没有太多的时间关心一下
自己。

接下来，让自己什么也不做，就只是和自己在一起，

和这个世界上最重要的人在一起。

在我们开始之前，我邀请你，

在心里面问问自己，

我愿意去关心一下自己吗，我值得被关心吗？

去听听看，当你这样问自己，

你的心里会有些什么样的声音冒出来。

无论那个声音在说什么，

也许是你熟悉的，也许出乎你的意料，

你就只是让自己听到，并将它带入意识。

然后，你能否在此时此刻，让自己做一个尝试，

尝试让自己开始学习去关爱自己。

不仅仅关爱你的外表或你的外在，

你要学习去关照、关爱自己的内心。

把你的关注放在呼吸上。

你知道，每时每刻，即便你没有意识到，

你的身体，都在自动化地呼吸、更新、新陈代谢。

此刻感受一下，空气进入你的身体，滋养着身体的每个

部分。

想象一下，此刻你在一个非常清澈的湖边，湖面上吹来

一阵清凉的风，

风吹拂过你的每一寸肌肤。

你的身体就在这样清凉的风中，享受着清新和惬意。

或者，你在一个很美的温泉池里，

温泉水温暖着你的身体，

你的身体在水中，慢慢地放松、舒展。

你可以想象，此刻，你身体里的每一个细胞都在微笑。

你的身体在享受这个当下的放松。

让你的身体，去体验这些美好的感受。

因为你将开始学习，更多地关爱自己，看到自己，听到自己。

你也将开始学习，帮助自己更加幸福快乐。

假如现在你可以送点什么给自己，你想送什么呢？

你能否轻轻地抚摸一下自己的肌肤，或是在心里给自己一个拥抱？

或者你想拍拍自己的肩膀，和自己说点什么。

再或者，你想对自己微笑，告诉自己，

我愿意开始学习去看到你，听到你，感受到你。

给自己一点时间，让自己去体验此刻所有的发生。

假如有任何的感受浮现，

你能否允许它有机会去表达。

然后，我邀请你再多做一点点。

就在此刻，你能否把心底里最深的爱送给自己，就像你爱自己的孩子。

每个母亲或父亲，都体验过对孩子的爱。

今天，你能否将你心底里那份最深的爱，

送给自己，这个世界上最重要的人。

尝试让自己感受一下，

此刻，你爱自己，接纳自己，重视自己，认可自己，尊重自己……

就是去体验这样的感受，

让你的身体，你的每个细胞，

都去体验此刻所有的发生。

然后，再给自己一点时间，和自己在一起。

今日主题：

你愿意关心一下自己吗，你值得被关心吗

关爱自己，不仅是外在，更重要的是，自己的内心

世界上最重要的人

最深的爱，送给自己

主题延展：

独一无二的人

我相信自己是一个独一无二的人，

与其他人

有相似，也有不同。

没有一个人完全像我。

所有那些我给予他人的

礼貌、爱和能量，

也都给予自己。

因为我是一个独一无二的人，

值得被欣赏和深深地自我尊重。

——维吉尼亚·萨提亚

我的所思所感：

黄琳老师冥想听众感悟摘选：

"

很喜欢黄琳老师的冥想！我把您的冥想带给我一个60岁的双目失明的老师听，她非常喜欢。很感谢您把您的冥想分享给这个世界！

"

假如今天，你可以欣赏和感谢自己，你会
欣赏和感谢自己什么呢?

——黄琳

来自生命过往的声音

导读：

为了帮助自己，更好地感受这段冥想希望带给你的信息，你可以找个安静的地方，给自己私享的几分钟。

这段冥想帮助你意识到源自生命过往、你仍旧带到今天的那些评判自己的声音、对待自己的方式，帮助你意识到自己纯洁的生命本质，给你带来内在对自己的珍视。

正文:

当你准备好了，

选择一个让自己舒适的姿势，

然后让自己慢慢地闭上眼睛。

接下来的时间，

把所有的关注收回自己身上。

假如你可以，请让自己的脊柱保持直立，

记得保持直立，但不紧绷，

在这样的状态下，

能量，可以在你的身体内顺畅地流动。

你能否让自己温柔地关注一下，此刻的身体。

假如有哪些地方有些紧绷，你能否将空气带到那里，

然后，温柔地，

也许看着它，

也许给它一个拥抱。

在你的生命中，

昨天的一页已翻过去，成了过去。

今天的一页正在进行。

此刻，我们可以去关注的是，

今天你将用什么方式陪伴自己，

你希望为自己带进来哪些新的可能。

也许在过去，

你习惯了对自己严厉，

习惯了批评自己，否定自己。

在内心深处，

似乎总有一个声音在说：你不够好，你总是把事情搞砸，

你不值得拥有美好的生活。

你能否在此刻，意识到，

也许那些声音，

来自生命的过往，

或者来自你生命中的某个人，

也许来自你的父亲，或母亲，

或是你的家族。

过去，你曾经听到了这样的声音，

或者，你以为你听到了这样的声音。

然后，你将这些声音一直留在生命里，

到今天，

你还不断地对自己重复，他们当年对你说的。

此刻，你能否让自己保持意识的清醒，

你可以听到那些声音，

但你也知道，那些声音不是你。

在你的内在核心，有着纯然的生命本质，那美好而又纯洁无瑕的本质。

在过去，你错待了自己，

也许你在用别人对待你的方式，对待自己。

但在今天，你依然要继续吗？

此刻，无论有任何的感受浮现，

你能否就只是给它一个允许。

想象一下，有一株美丽的百合，

暴风雨将泥土溅在花瓣上，

泥土掩盖了它美丽、纯洁的本色。

但你知道，泥土只是泥土，不是百合，

当雨水冲刷了花瓣，

百合终将露出原本的纯洁与美丽。

今天，你能否让自己尝试，

在此刻，带着更清澈的眼睛，看看自己。

也许你可以去接触你内在的核心，

那个纯洁无瑕的本质。

尝试让自己深入地吸气，

将爱与关怀随着空气一起吸进体内，

温柔地送到你身体的每个角落。

去感受下，

在这样的能量中，你的身体体验到什么。

再给自己一点点的时间，就只是和自己在一起。

今日主题：

今天，你希望给自己带进来一些什么

来自生命过往的声音

你可以听到那些声音，但你也知道，那些声音不是你

在过去，你错待了自己，也许你在用别人对待你的方式

对待自己。今天，你依然要继续吗

你的纯洁无瑕的本质

主题延展：

照耀现在的明灯

当过去帮助你留意到现在发生的事情时，

过去就成为一盏明灯。

——维吉尼亚·萨提亚

我的所思所感：

黄琳老师冥想听众感悟摘选：

"

黄琳老师的声音可以疗愈我们过往的不悦和伤痛。只想深深地拥抱！

"

把关怀和慈悲送给自己

导读:

为了帮助自己，更好地感受这段冥想希望带给你的信息，你可以找个安静的地方，给自己私享的几分钟。

这段冥想会帮助你意识到你的内心世界，你是如何看待自己的；帮助你体验、学习重视自己，关怀自己，欣赏自己的生命。

正文：

你可以让自己慢慢地闭上眼睛。

此刻尝试把所有的关注力，放在你的身体上。

从你的额头开始，沿着你的鼻梁，

到达喉咙，再到达胸部的中间，

把所有的注意力，放在你身体的中轴线上。

每一次呼吸，你尝试更深入地感受自己的身体。

如果你觉得此刻，身体的某个地方需要你的手去触摸，

你可以把手掌放在那里，

感受那里的肌肤，

以及随着呼吸，那里的起伏。

接下来，让我们聚焦在你的内在世界，以及你是如何对待自己的。

你知道，每时每刻，我们都有许多感受发生。

当你的内在有感受发生，

哪些感受，你可以接纳，

哪些感受，你会逃避，

哪些感受，你会压抑或否认？

在你的内心，有怎样的观点、信念在影响你的生活？

你的生活中，是否有些模式在重复发生？

比如，你应对压力的模式，在关系里互动的模式，

等等。

在关系里，

你对自己有怎样的期待，你对自己有怎样的要求？

对他人，你又有怎样的期待？

你期待对方尊重你，认可你，重视你，或是别的什么？

有时候，你心里会有一些特别的期待，

它未必真实，却影响着你的行为，

那是你以为的，别人对你的期待。

更重要的是，

在你的内心深处，

你觉得自己够好吗，值得拥有美好的生活吗？

你会欣赏、接纳自己，重视自己吗？

你怎样看待自己的生命？

所以今天，我邀请你更深入地看待自己，

不仅仅是你外在的行为，

还有你身为人，内在丰富的体验，挣扎，努力，追求。

假如此刻，你可以尝试，

你能否把一些关怀和慈悲给到自己。

这对你来说，也许有些陌生，但能否让自己去尝试这样

的可能？

你可以尝试用你的手掌，把关怀和慈悲送给自己。

把你的手掌放在身体上任何你想放的地方，

然后经由你的手掌，给自己传递这样一个信息：

我是宇宙间一个独一无二的、珍贵的生命，

我愿意从现在开始，关怀自己，重视自己，接纳自己，欣赏自己。

然后，让自己去感觉，

此刻你体验到什么，你的身体感受到什么。

假如有一天，你为自己的生命写一段颁奖词，

你会写些什么呢?

或者，有一天，当你回看自己的生命历程，

你会欣赏自己什么呢?

再给自己一点时间，就只是和自己在一起。

今日主题:

更深入地看待自己，不仅是自己的外在，更是你丰富的内在世界

你如何看待自己

把关怀和慈悲送给自己

为自己的生命写一段颁奖词

我的所思所感：

黄琳老师冥想听众感悟摘选：

> 以前，我从不相信冥想竟能如此神奇。如今发生在自己身上，一切是那么真实美好。老师身上有着那么神奇而强大的能量，她的深厚功力带领我去探索自己，发现自己！拨开迷雾，终将看到曙光，迎来美丽新世界，我相信：那一天，已不再遥远。感谢黄琳老师！

父母亲可以在多大程度上接纳自己，就可以在多大程度上接纳自己的孩子。

——黄琳

三、接纳与允许

接纳自己的感受

接纳生命中的种种

接纳与欣赏，带来新的可能

接纳自己的感受

导读:

当你阅读冥想文,请带着你的心、你的身体,感受其中的文字。用心阅读,或在心里读给自己听。

这段冥想,会帮助你觉察和接纳自己的感受,经由感受发现自己内心的需要,从而联结自己的生命,学习温柔地对待自己。

正文:

让自己舒服地坐在椅子上,

让自己的背靠在椅背上,双脚平放在地板上。

接下来我邀请你关注自己的呼吸,

留意下此刻的呼吸,

急促,或是平缓,

连续,或是夹杂着一些间断。

你可以感受到随着吸入的空气进入身体,

自己的身体在这个当下得到滋养与更新。

假如此刻你关注自己的内心,有些什么样的感受是你正在体验的?

有一点点兴奋,有一点点烦躁,

或者有些愉悦,有点担心,还是别的什么。

你能否让自己就只是看着这些感受,

允许这些感受发生。

然后我们把时光带到过去。

在你的生命历程中，

哪些时刻让你兴奋，

哪些时刻让你骄傲，

哪些时刻你曾经悲伤难过，

哪些时刻，你感受到无助，无力，

哪些时刻你曾经失望，愤怒？

在你的生命历程中，有没有哪些时刻让你体验到特别的感动？

在那个时刻，让你感动的是什么，

是与他人的联结，

或是你被看到、被听到、被理解，

或是你感受到被重视、被认可，

或者是为自己庆祝欢呼？

就在此刻，让自己再去体验一下你生命中曾经有过的这些时光。

我们的生命由许许多多的时光组成，

当我们来到今天，

那些时光便已逝去，

但有些影响依然留在你的心里。

今天，当你回看自己的生命旅程，你看到了什么呢？

你看到了许多丰富的感受，

开心、喜悦、失望、悲伤、愤怒、自责……

在这些感受中，

有些感受你喜欢，接纳，

有些感受你抗拒，逃避……

但今天，你能否意识到，

所有的感受也许只是个信使，它希望带给你内心更深处

的信息，

帮助你发现自己内心真正的需要。

也许，

你需要被爱、被接纳、被重视、被认可，

也许，你需要自由，

再或者，你需要归属感……

现在，能否在这里停留一会儿，

去体验此刻所有的发生。

假如有任何的感受浮现，能否就是给它一个允许。

只是全然地允许它的发生，不带评判，没有逃避和
抗拒。

你知道，无论怎样的感受，都是你生命的一部分。

在今天，你能否开始学习，

温柔地对待自己，接纳自己生命中的每个部分？

再给自己一点点时间，就只是和自己在一起。

今日主题：

允许接纳自己的感受

感受也许是个信使，它希望带给你内心更深处的信息

内心真正的需要

只是全然地允许它的发生，不带评判，没有逃避和抗拒

主题延展：

关于感受

对于不同的感受，有时人们会有不同的反应。比如，人们通常喜欢并接纳一些正向积极的感受，如开心、喜悦、感激、自信、欣慰等。一些看上去被认为是负向的感受，如恐惧、愤怒、嫉妒、失落、沮丧、烦躁等，有时会被逃避、压抑、抗拒或否认。

其实，感受只是人们对外在世界发生的事物所产生的一种内在反应。就好比，我们触摸到冰，感觉冰冷；进入蒸汽房，感觉灼热。冰冷或灼热，没有好坏，只是感官的体验不同。人们的感受，也没有好坏。感受反映了我们的内在世界的活动，以及我们内心的需要。

比如，和朋友约会，朋友迟到了，当对方终于来时似

乎没有太多歉意。你觉得很生气。那时，如果你有机会去探索自己的生气，你会发现，在生气下面，有许多的观点，如"约会就该准时""让别人等你，是很不应该的"……以及你未被满足的期待。如果你再深入些，也许你会发现，你真正需要的，是得到对方的尊重和重视。

所以，感受是个信使，它帮助我们看到内心的需要。

感受，或者说情绪，是一种能量。既然是能量，就不会消失，只能转化。

有时，人们常常否认、逃避自己的感受，希望这样就不会那么痛苦。其实，被否认、逃避或抗拒的感受并不会消失，它也许被埋藏在内心更深的地方。

近些年身心领域的研究表明，人们的一些生理疾病和心理状态息息相关。而当心理得以治疗，生理上的症状也随之消失。

所以，学习接纳我们的感受，能够帮助自己的身心更加健康。

我的所思所感：

黄琳老师冥想听众感悟摘选：

"

今天，当我听完黄琳老师的冥想，我泪
流满面。看到父母和我一样，从出生的那一
刻就渴望被爱、接纳、理解、尊重。我的身
心在那一刻变得非常柔软，感觉卸下了一直
穿在身上的多年的盔甲。我要将老师的冥想
分享给所有我认识的朋友听。感恩所有在我
的生命中出现的人们！

"

　　我学习对自己的感受负责，感受属于我自己。我可以觉察我的感受，看到它，接纳它，发现感受下面内心深处的渴望。那是感受本身真正希望传递给你的信息。

——黄琳

接纳生命中的种种

导读：

当你阅读此冥想文，请带着你的心、你的身体，感受其中的文字。用心阅读，或在心里读给自己听。

这段冥想，会帮助你接纳生命中发生的所有感受、体验，觉察、发现内心的需要，意识到自己的生命力亦是这宇宙能量的一部分。

正文：

现在你可以把自己的意识，想象成一个探测器，或者一个温度计。

在接下来的几秒钟，让这个探测器经过你身体的每一个地方。

去看看，身体的哪些地方很放松，哪些地方有些紧张；

哪些地方有点悲伤，哪些地方很喜悦；

哪些地方感觉温暖，哪些地方有点冰冷。

你就只是带着好奇，去感受和体验。

同时，你能否给自己一个允许，

允许所有的体验发生。

你知道这些都是你生命中的一个部分。

这些部分或许在向你发出讯息，试图告诉你，你内心深处真正想要的。

有一些部分希望被你看到，有些部分希望被你关怀，有些部分希望被你接纳。

就在此刻，你能否给到它们想要的，

也许是一点关注，一点接纳，一点关怀。

你知道，生命中的每一个部分，都属于你。

就好像大自然，有时候我们会看见蓝天、白云，

有时，我们会看见乌云、雾霾，

有时有风，有时有雨，

而所有这些，都属于大自然。

你可以接受晴天，也可以接纳阴天。

你可以接受阳光，也能接纳风雨。

无论是怎样的天气，它都在传递和彰显宇宙的生命力。

而你，也是这宇宙生命能量的一部分，

你和这宇宙间所有美丽的生物一样，那么珍贵、独一

无二。

在你的生命里，你会经验喜、怒、哀、乐，酸、甜、

苦、辣……

　　就如天气，你无法选择，但你可以接纳。

　　而生命中所有的体验，你也可以学习去承认、接纳、

拥有。

　　当一朵鲜花盛开，你知道这朵花里蕴含了这株植物的生

命力。

　　而当你，行走在大地上，

　　每一个脚步都能感受到自己和天地、宇宙的联结。

　　宇宙的生命力也一样蕴含在你的身上。

　　所以现在无论你体验到什么，就只是让自己去体验它。

今日主题：

　　接纳生命中的种种

　　你知道，生命中的每一个部分，都属于你

　　你无法选择，但可以接纳

　　生命中所有的体验，你可以学习去承认、接纳、拥有。

我的所思所感：

黄琳老师冥想听众感悟摘选：

听老师的语音分享，我很有感觉。女儿7岁，听了您的冥想，入睡极快。谢谢您无私的援助！

接纳与欣赏，带来新的可能

导读：

当你阅读此冥想文，请带着你的心、你的身体，感受其中的文字。用心阅读，或在心里读给自己听。

这段冥想，会帮助你联结自己的身体，给自己带来更多的轻松感、力量，帮助自己带入更多的觉察，更有意识地处理压力，并给自己带来更多的接纳和欣赏。

正文：

尝试着让自己做一次深入的吸气，彻底的吐气。

在我们开始之前，让自己做一到两个深呼吸，

把你的关注点收回到自己身上。

尝试着在此刻扫描自己的身体，

如果此刻你的身体有任何紧绷的地方，

尝试在你吸气的时候，把空气带到那里。

然后，随着你的吐气，把那些紧绷一起呼出体外。

随着你的每次呼吸，

你能够感受到身体越来越轻盈，身体各个部位之间联结

在一起，

还有更多的灵活和轻松感受。

尝试让自己，有意识地关注你的呼吸。

然后我邀请你，留意一下此刻你的表情。

你能否让自己，感觉一下你的眉毛和眉头，

假如你可以，能否在你吸气的时候，

尝试着把空气带到那里，

让你的眉头更加舒展，放松。

随着你的吸气，

你能感受到，

你的眉心向两旁延展，更加放松。

然后我们继续往下，

假如可以，你能否在心里想象，自己的嘴角微微上扬，

就好像此刻，你在心里给自己一个微笑，

然后经由这个微笑，

为自己送来一个真诚的问候和关怀，

也许你甚至可以经由它，

来拥抱一下自己。

然后我们继续往下，到达上胸。

当你吸气的时候，

尝试让你的上胸扩展、延伸，

尝试去感觉，随着吸气，你的胸部的起伏。

也许非常微小，

但它组成了你生命活动的一部分，

而它也在为你的存在作贡献，

最起码是为我们肉体的存在。

所以当你吸气的时候，

让自己尽可能多地延展，

让空气到达你身体更多的地方。

然后来到我们的肩膀，

在你吐气的时候，尝试着让你的肩膀放松。

有时候我们的肩膀上，

承载着一些压力，紧张，

重担，责任或者担当。

此刻，在你吐气的时候，

尝试把你肩膀的紧张，随着空气一起呼出体外。

我们可以留下责任、勇气和关爱，

同时可以选择，如何承载这些压力。

或者，可以学习，以更加智慧的方式，来承担这些责任。

所以有意识地深入地吸，

然后更加彻底地呼。

无论此刻有任何感受浮现，

就只是给它一个允许，

让你的身体可以去体验它。

让自己去留意，此刻你身体的任何细微的震动，

或者有何感受浮现出来。

你所要做的，就只是让自己，

温柔地允许，任何的发生。

在大多数平常的日子里，

我们没有太多时间去感受自己。

我们总是忙碌于外在的人、事、境。

而这样的一个当下，如此宝贵的一刻，

我可以用来，全然地和自己在一起。

在今天开启之前，

你希望为自己的今天，带来一些什么呢？

假如我们可以给今天一个关键词，

我们能否去看看，关于接纳和欣赏。

尝试着在你吸气的过程中，

把接纳和欣赏一起吸进你的身体。

然后去看看，

你愿意接纳和欣赏自己什么呢？

在生命过往的岁月里，你经历过许许多多。

你也在许许多多的事件中，应对，挣扎，

假如回看自己的生命旅程，你会接纳和欣赏自己什么呢？

尝试在今天，给自己带进来一些新的可能。

过去我们太习惯

批评自己，评判自己，

否定自己，贬低自己，

或者怀疑自己，

但在今天，

你希望为自己的生活，带进来一些什么呢?

再花一点点时间，就只是和自己在一起。

当你准备好了，你可以慢慢地回到这里。

今日主题:

感受与身体各个部分的联结

可以选择，如何承载这些压力。或者，可以学习，以更

智慧的方式来承担责任

温柔地允许，任何的发生

接纳和欣赏，带来新的可能

你希望为自己的今天，带来一些什么呢

我的所思所感：

黄琳老师冥想听众感悟摘选：

> 在黄琳老师带领的冥想中，很大的收获就是我找到了心中的那棵大树，是老家的那棵大树，我看到那棵树很茂盛，感觉自己和原生家庭联结上了，而且是和父亲联结在一起的。这样的体验太奇妙了，感觉很舒服，很有力量，树的根扎得很深。我觉得自己更有力量去帮助别人了！

　　很多青春期的父母，跟孩子相处时会有"挫败感"，会经历很多的考验。所以，作为父母要学习成长，让自己"内心变得足够强大、和谐"，才能更好地处理和青春期孩子的关系。

——黄琳

四、欣赏与感谢

欣赏自己

感谢生命中的那些人，和自己

欣赏、感谢你所拥有的

欣赏自己

导读:

当你阅读此冥想文,请带着你的心、你的身体,感受其中的文字。用心阅读,或在心里读给自己听。

这段冥想,帮助你欣赏自己,更深入地欣赏自己的生命本身,从而给你带来内在更坚实的力量。

正文：

找一个舒服的位置，舒服的姿势，让自己坐在椅子上。

如果你觉得坐在地上更舒服，也是可以的。

觉察一下你的身体，可能需要什么，一个更软的垫子，或一条保暖的围巾。

假如有什么可以让你的身体更舒适，就帮助自己去调整。

当你准备好了，让自己慢慢地闭上眼睛。

接下来，把你的关注点放在呼吸上，

尝试着深入地吸气，缓缓地吐气。

在下一个吸气中，你能否尝试给自己，带进来一点欣赏。

去感受一下，仅仅是想到给自己一些欣赏，

会带来什么样的感觉，

这样的感觉对你来说陌生吗，

这样的尝试，对你，是否有些困难？

假如此刻，你可以欣赏自己，你会欣赏自己一些什么呢？

尝试在你的脑海里，列举出三点欣赏自己的地方。

你可以欣赏自己的勤奋、开放、真诚、善良……

你也可以欣赏自己愿意并且有勇气去探索自己的内心世界。

你的内心世界，对于你来说，也许并不熟悉，

或者，这个世界里有一些你不愿意触碰的地方，

当你决定开启探索，这本身就需要许多勇气。

此刻，能否欣赏自己的勇气，

即便在同时，你也有害怕。

你知道，我们永远可以边走边调整，

可以一边害怕，一边前行；

一边犹豫，一边选择前方。

你能否欣赏，自己生命中，

所有的韧性、勇气，还有更快成长和拥有更幸福的愿望？

尝试让自己深入地吸气，

将空气带到你的身体里，某一个柔软的地方，

也许在那里，有着你生命的核心。

你拥有和这个宇宙生命力同样源头的爱与平静。

你可以想象，当你吸气，

空气中的氧气，经由你的血液被输送到身体的每个角落，

在这个瞬间，你身体的每个部分也得到滋养和更新。

邀请你，在此刻，给自己一个深深的欣赏。

这个欣赏不是因为你做了什么，或是没有做什么，

不是因为你一生的成就，

或者到目前为止，你值得骄傲的，

只是因为你的存在本身。

就只是让自己去体验这样的感觉。

能够在心底里去欣赏自己的生命，也许对于你来说，

有一点不可思议或者不太熟悉，

但你能否让自己只是做一个小小的尝试。

然后去看一看，在心里面，有些什么发生。

所以无论此刻，你体验到什么，能否给自己一个允许。

然后再给自己一点点的时间，只是和自己在一起。

当你准备好了，让自己慢慢地回到这里。

今日主题：

帮助自己更加舒适

你会欣赏自己什么呢

一边害怕，一边前行；一边犹豫，一边选择前方

深深地欣赏，不是因为做了什么，只是因为存在本身

主题延展：

关于欣赏

对于许多人来说，欣赏自己，也许并不困难。但经常地，人们只是有条件地欣赏。

欣赏自己取得的成就，欣赏自己获得的优越的物质条

件，欣赏自己有出色的儿女……

如果没有这些，人们很难欣赏自己。

似乎，外在的拥有，远远比自己这个人更重要。

今天，让我们一起去看看一个新的可能——无条件地欣
赏自己。

不为所有外在的，只是欣赏自己的存在本身。

体验下这样的想法对你而言如何。

要知道，所有的外在呈现（财富、生活和工作环境、子
女、境遇……），都是由你的内在创造的。你的内在创造了
你的外在世界。

而最值得欣赏的，是你的勤奋、上进、善良、责任感、
勇气、公正……

是你坚韧的生命力。

我的所思所感:

黄琳老师冥想听众感悟摘选:

在黄琳老师的冥想中,我学会不断地给自己赋能,不断地给自己前行的力量,感觉对未来越来越充满信心。感谢老师的冥想给我的生命带来的支持!

感谢生命中的那些人，和自己

导读：

当你阅读此冥想文，请带着你的心、你的身体，感受其中的文字。用心阅读，或在心里读给自己听。

这段冥想，帮助你欣赏、感谢你身边的人，你的父母、你的伴侣和孩子、你自己。学习欣赏、感谢自己的生命，关爱自己。

正文：

让我们先把注意力放在呼吸上。

感受一下自己深深的吸气，新鲜的空气经由你的鼻腔，进入你的身体，

你甚至不需要向身体发出命令，

身体就会自动吸收你所需要的氧气，并经由血液输送到你全身的每一个角落。

每时每刻你的身体都在自动化地自我更新。

就在现在，你能否尝试在下一个呼吸里，

给自己带进来一些欣赏和感谢。

在你的生命中，有谁是你在此刻想去欣赏和感谢的呢？

也许是你的父母，也许是你的伴侣，也许是你的孩子，

无论是谁，你能否在这一刻，把你的欣赏和感谢带给他（她）。

假如你心里有一句话想对他（她）说，你会说什么？

当你尝试表达欣赏和感谢，这样的尝试，对你来说，容易吗？

就让自己在这里停留一下，看看有些什么样的感受浮现出来。

接下来，我们尝试就在此刻，

向你的爸爸妈妈表达欣赏和感谢，

不为别的，

只为他们给了你生命，让你有机会来到这个世界。

也许过往的童年，在你心中留下了一些伤痛，一些负累，那些让你依然无法忘怀。

但你知道，你的爸爸妈妈也是人，

在养育你的过程中，他们只是做了过去从自己的家庭所学习到的。

也许那些并没有满足你想要的，

但也许他们已经竭尽全力，给到他们能给的最好。

所以就在此刻，你能否在心里，对他们表达一些欣赏和感谢？

然后，让我们再尝试一下，给自己一点欣赏和感谢。

欣赏和感谢自己在生命历程中走过的所有，

也许有风雨，雷电，阳光，雾霾……

你经历了生命中许多困难的旅程，依然可以走到今天。

所以此刻，

你能否给自己鲜花，或奖章，或是给自己一个温暖的

拥抱。

也许在过去，

你习惯了批评自己，评判自己，否定自己，或贬低自己，

那么在今天，我邀请你，

给自己一个真诚的欣赏和感谢，

发自内心的，真诚而温暖。

假如，你觉得需要向自己道歉，

那你能否真诚地对自己说声抱歉。

无论此刻有任何的感受涌起，你能否就只是给它一个允许。

就像你去呵护一个你至爱的人，或者你的孩子。

你是知道如何给对方关爱的，对吗，

那今天，你能否把温暖的关爱给到你自己。

要知道在这个世界上，

你是一个独一无二的、珍贵的生命，

这个世界上没有第二个你。

假如你是一颗珍珠，那你就是这个世上那颗独一无二的珍珠。

就在现在，

你能否让自己去欣赏，感谢，

去拥抱属于自己的每个部分，

你的感受，你的身体，你的头脑，还有你自己，

你的身体所承载的美好无瑕、圆满具足的生命。

再给自己一点点时间，就只是和自己在一起。

今日主题：

欣赏，感谢

欣赏生命中的人、父母、自己

他们已经竭尽全力，给到他们能给的最好

你能否给自己一个真诚的欣赏和感谢

你是一个独一无二的珍贵的生命，这个世界上没有第二个你

我的所思所感：

黄琳老师冥想听众感悟摘选：

"

黄琳老师的语音就像空气和阳光那样珍贵！享受其中！

"

　　在今天，你能否感谢自己的身体，无论你

过去经历了多么沉重、多么艰难的时刻，你的身

体，始终陪伴着你，它那么忠诚地为你服务。

——黄琳

欣赏、感谢你所拥有的

导读：

当你阅读此冥想文，请带着你的心、你的身体，感受其中的文字。用心阅读，或在心里读给自己听。

这段冥想，帮助你欣赏和感谢自己的身体，你所拥有的房子、工作、伴侣、孩子、你自己、你周围的人、你的城市、你的国家，从而给自己带来更多喜悦和积极能量。

正文：

此刻，从关注你的呼吸开始。

尝试让自己更加深入地吸气，缓慢地吐气。

感受一下此刻你的身体，

从你出生开始，你的身体就是你在这个世界的物质存在，

它承载着你的生命，并彰显着你的生命。

经由身体，

你与周围的人互动，享受你的关系，并体验着生命中丰富的感受。

你的身体无时无刻不在为你服务，

维持着你的生存，成长，也储存着你的记忆。

所以，尝试一下，能否在此刻，向你的身体表达你的欣赏和感谢。

然后感受一下，你的身体会有什么反应。

除了身体以外，让我们来看看你所拥有的，

你住的房子，你的工作，你的伴侣，还有你的孩子……

你能否欣赏和感谢你的房子？

它给你遮风挡雨，给你一个温暖的住所，

在那里，你每天度过许多时光，

你经历了人生中的许多事件，

你养育着你的孩子，

与家人享受彼此的关怀与联结。

所以，你能否在此刻，

欣赏和感谢你所拥有的房子？

然后，再看看你的工作。

你的工作让你有机会发挥你的才能与价值，

经由它，你创造，服务，与人联结，在这个社会上做出
你的贡献。

你也经由它，获得报酬与收入。

此刻，你能否欣赏和感谢你的工作？

再来看看你的伴侣和孩子。

你能否感谢他们？

让你有机会成为一个妻子（或丈夫），有机会成为母亲（或父亲），

让你有机会体验生命中更多的爱、责任、联结，

有机会经由关系而成长。

也许，在这些角色里，

你还有些遗憾，或者感觉不尽人意，

但那也意味着，

你还有空间去改善，

并享受改善所带来的喜悦。

然后，回到你自己。

在你的身上，你会欣赏和感谢自己什么呢？

你能否看到你所具备的品质，

善良、正直、坚强、勇敢、好学、上进、有爱……

这些品质，帮助你从孩提时代，一路走到今天，

让你拥有现在的一切。

也许你可以列举出很多，

你能否在心里，去感受每一个品质，

由衷地欣赏它们，

并在下一个吸气中，想象这些品质随着空气一起进入你的身体，

进入你的每个细胞？

感受此刻，你身体的感觉。

接下来，让我们尝试更延展一些，

你能否欣赏和感谢你周围的人，你的父母、你的朋友、你的同事、你的老师？

你会欣赏和感谢他们什么呢？

也许，你欣赏他们对你的照顾、支持，

你欣赏他们带给你的启发、思考，

你欣赏他们给你的友谊、关怀，或者陪伴你经历了生命中的某段时光……

也许你可以列出一个清单，记录下来。

然后，让我们看看周围的环境、社区，

你所在的城市，你的祖国。

你生活在这里，生长在这里，

你是其中的一员，你在其中参与、创造、分享。

你会欣赏你的社区什么呢？

你会欣赏你的城市什么呢？

对于你的国家，你又会欣赏和感谢什么呢？

给自己一点时间，让自己体验此刻的感受，

并留意你的内在在发生什么。

深入地吸气，缓缓地吐气，

尝试把欣赏和感谢，随着你吸入的氧气，一起输送到身

体的每个角落，

让你的每个细胞都浸泡在这样的能量中。

去体验此刻的自己，以及此刻你的身体所发生的。

再给自己一点时间，就只是和自己在一起。

今日主题：

欣赏和感谢

你的身体就是你在这个世界的物质存在，承载着你的生命，并彰显着你的生命。

也许你还有些遗憾，或者感觉不尽人意，但那也意味着，你还可以学习做得更好。

欣赏和感谢你所拥有的，房子、工作、家人、城市、国家……

我的所思所感：

黄琳老师冥想听众感悟摘选：

> 非常荣幸参加黄琳老师的课程，每天冥想的环节，老师的声音让我进入一个空灵的状态，仿佛只和自己在一起。在这样快节奏的社会，能拥有内心的片刻宁静，好珍贵。享受这样的时刻！

五、成为自己的掌管者

你选择加入什么，放下什么

掌管你的感受与想法

带着接纳与关怀，掌管你的方向

你是自己生命的掌管者

你选择加入什么，放下什么

导读：

当你阅读此冥想文，请带着你的心、你的身体，感受其中的文字。用心阅读，或在心里读给自己听。

这段冥想，帮助你觉察和意识到，在每个时刻，你都可以选择为自己的生活加入什么，放下什么。帮助自己意识到自己的主导权，从而更加有力量。

正文：

找到一个让自己舒服的姿势，

当你准备好了，慢慢地闭上眼睛。

当你吸气的时候，尝试去感觉胸部的起伏，

让你的胸腔尽可能打开。

每次吸气，

你可以将更多此刻新鲜的气息，也许还有微风，今晨的

朝阳的气息，

经由空气带进你的身体。

每次呼气，

你可以把身体的一些紧张，或者此刻不再适合你的，呼

出体外。

你知道每时每刻，你都是自己的主人。

你决定在每个时刻要关注什么，吸收什么，放下什么，

你决定是否让自己更加轻松快乐。

在这样的一个清晨，当你要开启新的一天，

你希望给新的一天带来什么呢？

比如，轻松、快乐、感恩、开放……

看看哪一个词与你契合。

对你来说，

带入更多的开放性，也许意味你有更多成长的可能。

带入更多感谢和感恩，也许会更加滋养你的生命。

带入更多全然的专注，也许让你在每时每刻，都拥有觉

察和改变的机会。

只是让自己去看一看，哪一个是你愿意带进新的一

天的。

要知道今天的时光属于你，

当这一天翻过，你是如何感受它的，只有你自己知道。

所以你可以有意识地选择，

今天，你要加入什么。

假如你可以，你还可以看一看，

今天你要放下什么。

也许你可以放下一些紧张，或是一些自我封闭，

你也可以放下一些执着，或是一些过去对你而言是唯一
的选择⋯⋯

正如萨提亚女士所说的，凡事都有三种以上的可能。

过去，也许你抱持了某些观点，或者只是从某一个角度
看问题，看世界。

今天，你能否尝试让自己打开更多新的可能。

然后，让自己意识到，

你可能或愿意去放下。

只是想一想这种感觉，

你的身体会有什么样的变化？

让自己去留意此刻的发生。

然后让自己深入地吸气，去感受和联结身体的每个部

分，

同时保持一个清醒的意识，你在这里。

今天，你将带着你的意识，和做决定的能力，

选择给新的一天，加入什么，放下什么。

重要的是，你希望新的一天，帮助自己拥有更多的轻松

和快乐。

最后深入地吸气，让新鲜的空气滋养你的身体。

然后给自己一点点时间，

当你准备好了，再让自己慢慢地回到这里。

今日主题：

每时每刻，你都是自己的主人

所以你可以有意识地选择，今天你要加入什么

你将带着你的意识，和做决定的能力，选择给新的一

天，加入什么，放下什么

你可以放下一些执着，或是一些过去对于你而言是唯一的选择

重要的是，你希望帮助自己拥有更多的轻松和快乐

主题延展：

论有意识的成长

当我们更有意识

并允许自己的选择

也变得更有意识时

我们就将朝着

成长的方向前进

——维吉尼亚·萨提亚

我的所思所感：

黄琳老师冥想听众感悟摘选：

"

做客服工作的我，一边聆听老师的声音，一边处理着手头的工作。中途接到一位客户的电话，沟通了近十分钟，我感到他的怒火在我平和与设身处地的体谅中慢慢平息。黄老师的温柔和力量感经由我，传递给了另一个人。我自己也第一次感受到这种内在的力量。原来一切都在我自己的内心！感谢老师让我度过了一个特别的夜晚，给了我特别的职场体验！

"

　　能否邀请你，给自己一个深深的欣赏？

　　这个欣赏，不是因为你做了什么，或没做什么，不是因为你一生的成就，或到目前为止，你值得骄傲的。

　　只是因为你的存在本身。

——黄琳

掌管你的感受与想法

导读：

当你阅读此冥想文，请带着你的心、你的身体，感受其中的文字。用心阅读，或在心里读给自己听。

这段冥想，帮助你觉察自己的感受和想法，意识到自己是它们的掌管者。帮助自己更加有力量，并看到迈向未来所需要的改变、成长。

正文：

接下来，让我们一起来开启一段冥想的旅程。

要让这个过程对你更有帮助，你最好不要趴着，

你可以尽量让自己的脊柱保持直立，或是靠在椅背上，

双脚踩在地板上。

将注意力放在自己的呼吸上，让自己做两三次深呼吸。

去留意下，就在此刻，你感受到一些什么，

有一点疲惫，有一点兴奋，有一点焦虑，或者是别的

什么。

有一些什么样的念头飘过你的脑海，

你是否可以让自己觉察到这些念头，就只是看着它们？

你知道，你是自己的掌管者。

在每个时刻，你会有一些感受，会有一些想法或念头，

你可以看着它，

允许它来，也允许它走。

而你，不必要成为它，或者被它带走。

当你感受到悲伤，

能否只是去感受悲伤，而你，不需要陷入悲伤。

当你感受到恐惧，你可以只是去感受恐惧，而不需要被恐惧淹没。

当你有一个念头，你可以看着那个念头，留意到它，而不被它带走。

你知道，每时每刻，你都是自己的掌管者。

今天，假如我们展望未来，

你希望拥有什么样的生活，什么样的关系，什么样的工作或者事业？

而对于你来讲，你在朝着自己想要的方向前进吗？

假如，有什么东西阻碍了你，

你能否让自己带着好奇，

去看一看，那是什么？

也许，有一些徘徊、犹豫，或者担心、焦虑，

你能否让自己静下心来，去觉察一下，这些感受在对你

说些什么。

而除了这些，

更重要的是，我们都需要联结到自己。

我是谁？我想要什么？我要去哪里？

我能否为我想要的，去改变、成长，或是添加些什么？

因为，我知道，我是自己的掌管者。

再次让你的注意力回到呼吸上，

你可以尝试让自己每一次的呼吸，更加地深入。

当你吸气时，

感受空气到达你的喉咙，上胸，

如果你可以，尝试让空气更深入一些，也许可以再往

下，到达你的腹部。

　　而在这个过程中，你是自己的掌管者，

　　你可以有意识地让自己更深入地吸气，更彻底地吐气。

　　帮助自己的身体更大程度地自我更新。

　　再给自己一点点时间，就只是和自己在一起。

　　当你准备好了，再让自己慢慢地回到这里。

今日主题：

　　觉察、掌管

　　你是自己的掌管者

　　感受，而不需陷入；关注，而不被带走

　　展望未来，你需要改变、成长或添加什么

我的所思所感：

黄琳老师冥想听众感悟摘选：

> 黄琳老师的冥想，看似轻描淡写，却功力深厚。大爱老师的声音，温润而有力。感恩！

带着接纳与关怀，掌管你的方向

导读：

当你阅读此冥想文，请带着你的心、你的身体，感受其中的文字。用心阅读，或在心里读给自己听。

这段冥想，帮助你觉察自己内在的发生，有意识地选择、掌管自己的方向。将接纳、关怀与尊重，带给自己。

正文：

当你准备好了，就让自己慢慢地闭上眼睛。

关注一下，此刻你的呼吸，你可以感受得到自己的呼吸吗？

尝试在这一刻，有意识地让自己深入地吸气，缓缓地呼气。

去留意，你的每个呼吸。

你能关注到，在每个呼吸之间，或者在你的吸气与吐气之间的那个间隙吗？

让自己保持一个觉察，

此刻，自己在发生什么。

然后，你可以让自己，就只是看着那个发生。

不需要去评判，只是去接纳，

这个当下，你身体里所有的发生。

然后在下一次呼吸里，我邀请你，

给自己带进来一点接纳，一点关怀。

在今天之前的过去，在你的生活里，你每天在体验着许许多多的发生。

许多事情已经过去，但也许有一些影响，依然还在。

所以在此刻，你能否在下一次呼吸中，给自己带进来一些接纳和关怀？

然后去体验，

此刻，有什么样的感受浮现，或者你的身体在发生什么。

接下来，你将开启新的一天，或者新的一个下午、一个晚上。

在新的时光中，你希望带进来一些什么呢？

你希望带进来一些什么，来帮助自己更加幸福快乐呢？

你可以想象下，

此刻，你开着一辆车，驶向公路。

你是那个司机，你可以决定要开向哪里。

你可能会来到一个十字路口，这时候，

由你来选择，你要驶向哪里。

当你行驶在路上，

有的时候，道路非常顺畅，

有的时候，也许会遭遇堵车。

无论外在的情况如何，你依然是那个掌管者，

你无法改变外在的发生，

但是，你可以掌管自己内心的感受。

所以此刻，当你发动你的汽车，开启新的时光，

你希望给自己带来什么呢?

再一次，我邀请你，

让自己深入地吸气，缓缓地吐气。

尝试在下一次吸气中，吸进来一些尊重，

如果可以，尝试加进来一些慈悲。

然后你去感受一下这两个词：尊重，慈悲。

把这样的感觉，送给自己。

然后，去看看，你的身体体验到什么。

再给自己一点点的时间，就只是和自己在一起。

今日主题：

接纳，你所有的发生

你是那个掌管者

你无法改变外在的发生，但你可以掌管内在的感受

你是司机，你决定要驶向哪里

帮助自己更加幸福快乐

尊重、慈悲

我的所思所感:

黄琳老师冥想听众感悟摘选:

在黄琳老师的带领中，时间很快就过去了，有些感受无法细说。感恩遇见萨提亚，感恩遇见黄琳老师！此刻，我是幸福的，感恩！

冥想，可以当作发现自己、探索自己的一个通道。经由冥想，我对自己多了一个发现，帮助自己看到我的内在世界发生了什么，这是关于我自己的。当我的内在和谐，我的外在关系就会更加和睦！

——黄琳

你是自己生命的掌管者

导读：

当你阅读此冥想文，请带着你的心、你的身体，感受其中的文字。用心阅读，或在心里读给自己听。

这段冥想，帮助你觉察自己生命中所承载、传承的，意识到自己是它们的掌管者。帮助自己有意识地保留、改变、成长。它帮助你更加有力量，并为自己的未来带来更多主导权。

正文:

现在请把所有的注意力放在你自己身上,

你可以感受到身体在一呼一吸。

尝试在接下来的每一次呼吸中,让你的身体越来越放松。

你可以想象一下,此刻,你的周围有一道光笼罩着你。

你就安静地坐在这里,沐浴在光中。

这道光,也在用它的能量和养分支持着你。

对你来说,这道光是什么颜色?

黄色、红色、蓝色,或是别的什么颜色,

让自己去感受。

想象一下,这道光从你诞生到这个世界,就存在至今。

在光里面,有来自你的父亲、你的母亲或者你的家族给你的影响或传承,

而这些在过去、现在,都在影响着你。

只是你可以选择，

未来，

哪些你愿意保留，哪些你希望改变或发展。

假如过去，

你从你的家庭传承了一些品质、处事方式或者关系中相

处的模式，

那今天你可以做的，首先是觉察，发现这些影响。

然后，你可以选择保留什么，改变什么，

或者需要转化、疗愈什么。

而选择的依据，是让你未来的生活更加幸福快乐。

要知道，你是自己生命的掌管者，

你拥有一切的可能，帮助自己更加幸福快乐。

你可以想象你周围的这些光慢慢地扩展，与天地宇宙融

合在一起。

天地宇宙拥有着所有生命生长所需的养分：阳光，空气

和水……

　　而你的生命就和整个天地宇宙联结在一起，

　　你也从天地宇宙间得到滋养。

　　你是宇宙的一部分，也是独一无二而珍贵的。

　　所以此刻，你不仅感受到自己，

　　你还能够感受到与天地宇宙的联结。

　　你就如这天地间所有的生物一样，拥有生长、发展的

能力。

　　你有能力选择，掌管自己的生活，

　　并拥有属于自己的人生。

　　让自己再一次深入地吸气，缓缓地吐气。

　　你能否尝试，就在此刻，带着尊重和感恩来看待自己的

生命。

　　也许，过去你从未尝试过，

　　但今天，就让自己去体验下这样的感觉。

　　然后看看，当你给到自己尊重和感恩，会有一些怎样的

感受浮现。

　　再给自己一点时间，就只是和自己在一起。

今日主题：

　　你是宇宙的一部分，是自己生命的掌管者。

　　未来，你可以选择，你愿意保留什么，你希望改变或发展什么。

　　你是宇宙的一部分，也是独一无二而珍贵的。

　　你拥有一切的可能，帮助自己更加幸福快乐。

我的所思所感：

黄琳老师冥想听众感悟摘选：

"

　　不知不觉中，已步入人生的中年，不惑之年，身体比灵魂跑得快。我带着许多期盼，走进老师的课堂……无路可逃的我，只有听话，照做，课后时常听老师的冥想。一段时间后，朋友说我说话的速度慢下来了，做事增加了许多弹性。好像我无意中更淡定从容了！感恩老师的陪伴，以及从老师身上学习的！

"

六、生命的核心与本质

真正的自己

回家，回到生命的核心

你值得拥有幸福

真正的自己

导读:

冥想,是心灵的陪伴与滋养。当你阅读此冥想文,让自己细细品味这些文字带给你的内在感受。每天给自己一点时间,为自己的生命带来更多和谐、力量与幸福。

这段冥想,帮助你意识到你的感受、想法、期待,它们影响着你,但都不是真正的你。你需要去发现内心深处真正想要的,联结自己真正的内在核心——珍贵的生命力。它帮助你在生活中更有能力、更加智慧。

正文：

现在，让自己选择一个舒服的位置。

当你准备好了，你就可以让自己慢慢地闭上眼睛。

在这一刻，尝试着让自己去体验一下这份安静。

这样的安静，对你来说，熟悉吗？

在你每天的生活中，有多少时刻，你忙于外面的世界，

你的工作，你的家人，你的朋友，各种各样的事情。

此刻，当这个空间里，只有安静，

你的内在体验着什么，

有一些什么样的感受浮现出来？

焦虑，不安，喜悦，或是一丝难过，或者别的什么？

你能否让自己就只是去看着这些感受。

你知道，我们每时每刻都有许多感受。

这一刻，我很开心；下一刻我有些烦躁。

昨天我很焦虑，今天我有些兴奋。

所有的感受，既会来，也会走。

所以，你能否在现在，就只是看着它，而不被它带走。

然后，你再去看一看，

此刻，有一些什么样的想法、念头，在你脑子里回旋。

有的时候，我们脑子里的想法太多了，

也许一秒钟之内，你会有超过10个念头出现。

你能否在此刻，也只是让自己去看着这些念头。

你知道，它们会来，也会走。

然后你再去看看，

此刻，你的心里，有着一些什么样的期待。

你期待今天会是怎样的一天，

今天你的同事、家人会怎样与你互动，

你期待自己会在今天的工作、生活中有怎样的表现？

你只是让自己去看一看，

每一天我们的脑子里都有许多期待。

对家人的期待，对同事的期待，对自己的期待，

还有你以为的别人对你的期待。

然后再让自己去好奇，

假如这些，都是生命中会来也会走的，

那究竟什么，才是真正的我呢？

让我们尝试去到你内心更深的地方，

你有一些怎么样的渴望，或者什么是你内心真正想
要的。

比如：在我的心里，我非常希望被接纳、被认可，

我希望被尊重，

我需要归属感，安全感，

我渴望自由，我渴望联结……

或者，还有一些别的什么。

所以就让自己在此刻，有机会去感受这些。

然后，假如你可以，

你可以想象一下，在你的内在，有一个非常珍贵的地方，

那是你生命的核心。

那里，有着你的生命本身所蕴含的所有宝贵的资源。

就像一颗种子，蕴含着生命成长所有的资源。

只要有恰当的阳光、水和空气，这颗种子就会破土而出。

你来到这个世界，从婴儿开始，一路走到今天。

在这个旅程中，支持你的，就是你身上所蕴含的，独特而珍贵的生命力。

假如你能够用一些标签来识别自己的生命力，你会看到什么呢？

也许是你的坚强、善良、韧力、聪明、诚实、责任、有爱……

就只是让自己去感受，你身上所拥有的这些资源。

让自己深深地吸气，

想象一下，这些资源和品质蕴含在你的每一个细胞里，

让你的每个细胞都更加健康，充满活力，拥有更多创造力。

你能否在心里给自己一个大大的欣赏，或一个温暖的拥抱。

不为别的，只为你的生命中，

那些珍贵而独特的资源，以及你的生命力。

此刻，无论有什么样的感受浮现，你能否让自己就只是去体验它。

然后，再花一点点时间，和自己在一起。

今日主题：

生命中有些东西，会来，也会走

在你内心更深的地方，有一些什么样的渴望，或者什么是你内心真正想要的

这些资源，蕴含在你的每个细胞里

你身上所蕴含的，独特而珍贵的生命力

我的所思所感：

黄琳老师冥想听众感悟摘选：

黄琳老师带领的冥想，春风化雨，润物无声，总能让我一步步放松，走进自己的内心，看到那个真正的自己，并带给自己力量。感谢老师深厚的功力！

　　当我们经历生命中的痛时，我可以选择逃
离，但选择逃离就失去了一个机会，去看到更
多真实的机会；我也可以选择面对和接纳，带
着勇气往前看，未来一定是更广阔的天地，是
生命的礼物。

——黄琳

回家，回到生命的核心

导读：

冥想，是心灵的陪伴与滋养。当你阅读此冥想文，让自己细细品味这些文字带给你的内在感受。每天给自己一点时间，为自己的生命带来更多和谐、力量与幸福。

这段冥想，帮助你提醒自己从向外在索取，回归生命的核心。意识到自己的存在本身就是珍贵的。

正文：

在过去的一天，

你经历了许多外在发生的事情，也经历了许多内在的历程。

你能否去感受一下，此刻，在你的身体里，流淌的是些什么？

有一些感受，有一些想法，

或许有一些未被满足的期待，

有内心更深处你真正想要的。

你可以想象一下，假如所有的这些，是有颜色的，

此刻在你的身体里，有些什么样的颜色在流淌。

你知道，每种色彩，都有它自己的歌，每一首歌都不同。

在这些歌里，你会听到什么，

是不是关于爱，

关于你内心真正渴望的，

关于你是谁，

关于，回家？

你能听得见自己内心深处的呼唤吗？

那个呼唤，在召唤你，回家。

那么长的时间， 你在外面找，你在外面要，

但也许，你都忘了，

要回家。

在你的内心深处，

有一个温暖的，如太阳般，永远在那里的核心，

一直在等你。

那个核心，就是你的家。

你有多长时间，没有回到自己的家了？

所以在今天，你能否停下自己忙碌的脚步，

回过头去看一眼，自己的家？

每一株生长在这个世界上的植物，

都蕴含着，生命生长和发展所需要的所有资源。

你也一样，只是有的时候把自己丢了，

然后，你满世界地找，向身边的人要……

今天，也许是时候停下来，

回头看一眼自己的家。

那里有人在吗，还是空无一人？

你听得见它的呼唤吗？

它在呼唤你回家。

此刻，让自己去体验，这个当下所有的发生。

然后，尝试让自己去听一听，

这样的一个声音，

这个声音在说，你是这个世界上独一无二的、珍贵的

生命，

你是宇宙能量独特的彰显，

你的存在本身就是珍贵的。

也许现在，你还不能完全相信这个声音所说的。

但是能否让自己只是先听一听。

然后，再花一点点时间，和自己在一起。

今日主题：

回家

你听得见它的召唤吗

有时候你把自己丢了，然后，满世界地找，向身边的

人要……

回到生命的核心

你的存在本身就是珍贵的

我的所思所感：

黄琳老师冥想听众感悟摘选：

> 谢谢黄琳老师的分享！声音好听又富有磁性！听着很舒服。昨晚我是和小女儿一起听的，她才8岁，不懂我们成人的事，但她听着老师的声音很快就入睡了。

你值得拥有幸福

导读：

冥想，是心灵的陪伴与滋养。当你阅读此冥想文，让自己细细品味这些文字带给你的内在感受。每天给自己一点时间，为自己的生命带来更多和谐、力量与幸福。

这段冥想，帮助你在生活中带入更多觉察与发现，欣赏、感谢自己的生命，意识到自己值得拥有更加幸福的生活。

正文：

花一点时间，让我们一起去体验属于自己的时光。

关注你的呼吸，无论你是否意识到，

每时每刻，你的身体都在自动化更新。

每天，你都在体验生命中许许多多的发生，

而所有的发生，也许都在帮助你打开一个小小的窗口，

经由这些窗口，你看到自己的内心世界中，

一些过往不知道，或者不愿意触碰，

或者被藏在心底里的，许许多多的感受。

而更重要的是，经由这些发生，

你开始对自己，有一些更多的发现。

你是谁，你是如何在关系里互动的，

你又是如何面对生活中的压力的？

假如你可以更多地发现和觉察，

也许，会帮助你在生活中打开更多新的可能。

对于每一个生命来讲，

更好地舒展，更多的轻松、喜悦，是生命生长本然追求

的方向。

你也一样，让自己更加和谐幸福，也是你在生命中想要的。

假如在过去，

有谁曾经告诉你，

你不够好，你不值得，你很糟糕⋯⋯

在今天，

你能否意识到，那也许只是在那个当下他（她）的看

法，或是他（她）的应对。

但是，那些丝毫不影响你生命的本质，

你纯洁无瑕的、珍贵的生命本质。

所以，你能否在此时此刻，给自己送上一点欣赏和感谢?

你走过了生命中许许多多的旅程，

哪怕艰难，哪怕痛苦，你依然走过，来到今天。

你能否欣赏和感谢自己所做的努力，

以及你与生俱来的资源，

帮助你存活、发展至今。

此刻，你能否让自己身体的每一个细胞，

去体会这份欣赏，感谢，

也许还有庆祝，

庆祝自己的生命？

也许从来没有人告诉你，你是值得的。

那么在今天，

你能否尝试对自己说：

"我是值得的，我值得拥有更多的幸福和快乐。"

尝试用心对自己说，

让你的每个细胞都能听到这句话，

并感受这句话所传递的。

如果你愿意，可以再对自己说一次：

"我是值得的，我值得拥有更多的幸福和快乐。"

去感受你的身体在发生什么。

再给自己一点点时间，就只是和自己在一起。

今日主题：

发现觉察，打开新的可能

你是值得的

你值得拥有更幸福的生活

你纯洁无瑕的、珍贵的生命本质

欣赏和感谢自己的生命，并庆祝

我的所思所感：

黄琳老师冥想听众感悟摘选：

很享受黄琳老师的冥想，感觉自己快睡着了，但又很清醒。说到年老的自己，我哭了。我一直没有好好哭过，一直压抑自己的情绪。原来，自己也是个很坚强的人。

　　假如你想为自己的生命送上一份礼物，这份礼物是什么呢？亲密的关系、内心的宁静、健康的身体，还是你对生命更深入的体验？

——黄琳

七、生命旅程与联结

你的生命旅程

将关怀和接纳，带进彼此的联结

小宇宙

你的生命旅程

导读:

冥想,是心灵的陪伴与滋养。当你阅读此冥想文时,让自己细细品味这些文字带给你的内在感受。每天给自己一点时间,为自己的生命带来更多和谐、力量与幸福。

这段冥想,将帮助你回溯自己的生命旅程,探索自己的内心世界,联结生命中的渴望,更加接近"我是谁"。"当你回看历史,历史会呈现给你更深入的真相"。

正文：

就在现在，感受你的身体。

把你的注意力放在呼吸上。

尝试着让自己在下一个吸气里，将一分好奇带入自己的身体。

接下来，我们将一起去回溯你的生命旅程。

许多年前，你来到这个世界，

在你呱呱落地的那一刻，用哭声向世界宣布"我来了"。

你看到自己的妈妈、爸爸，或者是身边照顾你的人。

那时你很小，你要靠父母或其他照顾你的人让自己存活下来。

小时候的时光里，谁让你感受到爱，

妈妈，爸爸，外公外婆，爷爷奶奶，还是年幼时照顾你的其他人？

那时的你快乐吗，满足吗？

有些时候，你是否体验着害怕，或悲伤……

那时候，你希望爸爸妈妈怎么对待你，

你希望他们多陪陪你，希望得到他们的肯定，或是别的什么？

他们对你有什么期待，他们期待你懂事、有礼貌、学习好，或别的什么？

你是如何看待家庭中的其他人，又是如何看待自己的？

那时的你心里有什么很想要的吗，

你得到了吗，

或是你有些失望？

假如那时你有个愿望，你还记得那时候的愿望吗？

你慢慢地长大，

带着孩提时代在家庭中学习到的，

和所有的挣扎、渴望，

步入小学、中学。

那时候，你有自己的好朋友，或是可以倾诉的对象吗？

你孤单吗，还是你很享受和同伴们相处的时光？

然后你来到青春期，

那时候你很辛苦，尝试搞清楚"我是谁"，别人是如何看自己的。

也许有挣扎，也许有迷茫。

你还记得那时的梦、纠结或害怕吗？

慢慢地，你步入了青年，

你有了自己的工作，开始在这个世界寻找自己的位置，并发展自己。

然后，你遇到了你的伴侣，一起走进婚姻。

你还记得当年你的伴侣吸引你的地方吗，是什么让你们走到一起？

也许你们有过甜蜜的时光，

然后，你们开始了真正的家庭生活。

一个很有趣的事实是，

你带着自己从小到大所有人生的经历，

以及这些经历留下的影响，进入你的关系。

而你的伴侣，也和你一样。

他（她）也带来了自己成长的经历，以及自己在家庭中

所有学习到的。

在你们的关系里，你们是如何互动的？

你们如何经验彼此，处理彼此的差异？

你们又是如何面对压力的？

你对你的伴侣有些怎样的期待，他（她）对你呢？

你能感受到对方的内心吗，你能看到自己真正的需

要吗？

有没有什么，阻碍着你们的关系更加亲密？

如果有，是什么呢，愤怒，失望，还是彼此未满足的

期待?

　　在这个关系里，你只是看到对方的行为，

　　还是有机会看到对方这个人?

　　在你的内心深处，你和对方有联结吗?

　　你们之间的距离多远或多近，是不是有时人近在咫尺，

心却远在天涯?

　　此刻，就只是让自己带着好奇，去看看所有的这些。

　　无论有怎样的感受浮现，就只是允许它浮现。

　　然后，我邀请你，在你的脑海里，呈现这样的一个

画面，

　　画面里，有小时候的你，少年的你，青年的你，成年的

你，现在的你……

　　这一路走来，你描绘出了自己生命的旅程。

　　所以今天，我们怀着好奇和开放之心，开启了一个发现

之旅。

　　你看到了每个时期的自己，

　　更重要的是，这个生命旅程，帮助你去探索和发现：

　　你是谁，你是一个怎样的人，

　　在你的内心深处，真正想要的是什么。

　　让自己带着所有的这些问题与发现，和自己待一会儿。

　　如果你需要多一点的时间，那就让自己慢慢来。

今日主题：

　　生命旅程

　　过往的经历，以及这些经历留下的影响

　　在你们的关系里，你们是如何处理彼此的差异，又是如何面对压力的

　　在关系里，你只是看到对方的行为，还是有机会看到对方这个人

　　你是谁，你真正想要的是什么

我的所思所感:

黄琳老师冥想听众感悟摘选:

"

因为亲子关系和亲密关系出现了问题,我去年开始走进黄琳老师的课堂。每次听到冥想,我的身体感受很强烈,背部发热。今天冥想时,我的喉咙也微微发热。我想到了我的爸爸妈妈、兄弟姐妹,看着他们对我微笑,招手。感谢老师!也感谢自己一路的努力和坚持,我看到了自己的成长!

你，是一个如此独特而珍贵的生命。

——黄琳

将关怀接纳，带进彼此的联结

导读：

冥想，是心灵的陪伴与滋养。当你阅读此冥想文，让自己细细品味这些文字带给你的内在感受。每天给自己一点时间，为自己的生命带来更多和谐、力量与幸福。

这段冥想，帮助你体验在关系中的内在感受，以及当关系中加入关怀与接纳后给彼此的联结带来的改变。

正文：

接下来，我们要做一个特别的冥想，

这个冥想是两个人一起体验的。

找到你的同伴，和他（她）面对面站在一起，

保持彼此间舒适的距离，不要太远，也不要太近，

大概伸出手能碰到彼此就好。

当你准备好了，你就可以让自己闭上眼睛。

请将你的注意力放在自己身上，关注你的呼吸。

你可以尝试在每一个吸气中，去感受自己的身体，

让身体中更多的部分，进入你的意识。

你可以感受到自己的手臂、胸腔、腹部、脊柱，

如果可以，保持身体的直立，让你的脊柱更加舒适。

然后，你再尝试，将你的臀部、大腿、小腿、脚指头慢

慢地带入你的意识。

当你吸气的时候，你可以感受到身体的这些地方，都在
得到滋养。

当你呼气，你也把身体中不需要的东西呼出体外。

你可以感受到，
此刻和自己完全地在一起。
感受此刻你身体的感觉。

接下来，我邀请你，
在你的意识中加入你对面的这个人。
然后你让自己感觉一下，当对面的这个人，进入你的意
识，或者是你的觉知中，
你的身体有些什么变化，或者有什么感受浮现出来，
这和刚才有什么不同。
你就只是去看着你的变化，接纳并允许它发生。

让自己再一次地吸气，

在这一次的吸气中，你可以感受随着空气的进入，你身体里的空间在扩展。

更多的空间，让你可以去容纳或者包含更多的东西。

再一次，你感受到对方也在你的空间里。

你有着你自己的部分，

也有一部分的空间可以留给对方。

此刻，你在经历着什么样的感受，或者是身体的反应?

接下来，我邀请你，

伸出你的两个手臂，

大臂自然地垂放在身体两侧，小臂平行于地面，

掌心向上，指尖朝向对方。

你能否让自己从心底里，发送出能量，

能量里有关怀、接纳、允许，

然后让这样的能量经由你的心，向周围扩展。

想象在你的心的位置，有一个闪亮的能量球，

这个能量球在慢慢地向外扩展，慢慢扩展到你身体的其

他地方，

你的肩膀、头部、手臂，

再到达你的腹部、腿、脚。

同时，这个能量球也在向外辐射，

它透过你的身体，向四周扩展，把你对面的伙伴也照

亮了。

让自己去感受这样的一份光和能量。

你可以意识到，当你们在一起，

彼此的光也会照亮对方。

此刻，感受一下你身体的感觉。

然后，假如你愿意，

你可以把你的手伸向对方，去接触对方的手，

或者用你自己的方式去感受彼此之间的联结。

经由你的手掌，感受一下，

此刻在你们之间，所有共享和流动的能量。

看看你是否享受这样的联结。

在这样的联结里，你体验到关怀、接纳、允许吗？

这样的联结让你想到谁，

在你的生活中，你希望和谁有这样的联结？

再给自己一点时间，

当你们准备好了，再让自己慢慢地回来。

然后就可以睁开眼睛，彼此分享。

今日主题：

内在空间

关怀接纳

当你们在一起，彼此的光也会照亮对方

在这样的联结里，你体验到关怀、接纳、允许吗

你们之间，所有共享和流动的能量

我的所思所感：

黄琳老师冥想听众感悟摘选：

> 太棒了！我经常听老师的冥想。感恩您的奉献！希望能更多地分享您的声音，让更多人受益！

小宇宙

导读：

冥想，是心灵的陪伴与滋养。当你阅读此冥想文，让自己细细品味这些文字带给你的内在感受。每天给自己一点时间，为自己的生命带来更多和谐、力量与幸福。

这段冥想，帮助你体验自己的生命能量，意识到自己蕴含的无限资源。体验爱、关怀，和彼此的联结带来的美好感受。

正文：

这个冥想，是一群人一起做的。

请大家围成一个圆，每个人坐着，面向圆心。

确保你现在的坐姿是舒适的。

你和身边伙伴的距离，大概是伸出小臂能轻松地碰到对方的手。

当你准备好了，就可以让自己慢慢地闭上眼睛。

从关注自己的呼吸开始。

每一次吸气，你可以感受到，来自宇宙的新鲜的空气，进入你的身体。

你知道，此时此刻，你身体的每一个细胞都全然地在这里。

你还记得今天早上初升的太阳吗？

无论你是否看到，你都可以在脑海中想象那个画面。

你知道，在初升的太阳里，蕴含着天地宇宙间生生不息的生命力。

无论你是否意识到，

这个生命力也蕴含在你的生命里。

有的时候，你忘了，

有的时候，你和它失去了联结，

但那来自天地宇宙的生生不息的生命力，时时刻刻都在。

此刻，感受一下你的身体。

你的身体，是你在这个世界的存在。

但，你永远不只是你的身体。

除了你的身体，

你还有许许多多丰富的部分，

你的灵性，你的心智，你的感受，你的感官……都蕴藏
在你的生命力里。

所以能否在这一刻，对自己的生命，充满崇敬和好奇。

你和地球一样，有着你自己的小宇宙。

你的小宇宙，同样蕴含着你无法想象的潜力和资源。

想象一下，此刻，你的身体就像一个可以发光的能量体。

在你的身体四周，有一道白色的光，笼照着你。

而你的脊柱，此刻通体发亮。

光芒从你的脊柱发出，辐射到你身体的每一个角落。

在这样的光亮里，有许许多多的爱，关怀，联结。

这些光芒越来越亮，照亮了你的身体，也开始向周围
辐射。

你可以想象一下，

你的光，加上身边的伙伴发出来的光，

融合在一起，变成一个更大的能量场。

这个能量场里，承载的爱，关怀，联结，

可以消除一切的阻碍。

所有的困难，或是阻碍，在这样的能量面前，

都会慢慢地消融。

你能感受到，一股清澈的能量，流经你的身体。

而你的身体，在这样的能量中，也得到滋养、更新。

所以现在，让自己的身体享受在这样的能量场中。

假如你愿意，

你可以把你的手，伸向你旁边的伙伴，

然后经由你的手，

接收和传递，这个空间，所有美好的能量。

此刻，你能否让自己静静地聆听每一个音符？

每个音符，轻轻地落在你的肌肤上，

好比是天地宇宙送给你的祝福。

让自己花一点点的时间，就只是感受其中。

当你准备好了，再让自己慢慢地回来。

慢慢地睁开眼睛，

用你的眼睛去看一看你周边的其他人，

用你的眼睛去传递，任何你想要传递的。

如果此刻你的身体想做什么，

或者想和身边的伙伴有联结，

那就给自己一个允许，让自己去做……

今日主题：

来自天地宇宙的生生不息的生命力，时时刻刻都在

你和地球一样，有着自己的小宇宙

爱，关怀，联结

这个能量场里，承载的爱，关怀，联结，可以消除一切

的阻碍

我的所思所感:

黄琳老师冥想听众感悟摘选:

> 冥想的时候,感觉睡着了。小时候的自己对我说,你很棒了!你已经成长了许多!年老的自己,或者是未来的自己鼓励我:"你会活出你想要的生活!"感觉很好,有一种内在的喜悦。

　　就在今天，你能否给自己一个真诚的欣赏和感谢。要知道在这个世界上，你是独一无二的珍贵生命，这个世界上没有第二个你。

——黄琳

八、走向未来

迈向你未来的画面

带着生命中所有的资源，迎向未来

迈向你未来的画面

导读：

冥想，是内在的滋养与创造。当你使用此冥想文，让自己全然地感受其中，就好像你泡在温泉水中，你的每个细胞都能感受其中的温度。

这段冥想，帮助你与自己联结，意识并运用自己的资源，从而更有力量地创造未来。

正文：

放下你手中所有的东西，让自己舒服地坐在椅子上。

当你准备好了，就可以让自己慢慢地闭上眼睛。

同样地，我们的关注力从自己的呼吸开始。

当你吸气，你可以意识到空气经由鼻腔进入身体，

而其中的氧气经由你的血液，

被自动地输送至你身体的每个角落。

你可以感受一下，

此刻身体的哪些部分比较放松，哪些部分有些紧绷，

哪些部分感觉温暖，哪些部分感觉冰冷。

假如有一些地方有点紧绷或冰冷，

你能否在下一次吸气中，将空气带到那里？

同时，把你的关怀和感谢一起送到那里。

然后随着你的呼气，把那些紧张一起带出体外。

你可以感受到，随着每一次的呼吸，

你的身体越来越放松。

现在，你能否想象一下，

假如有一个场景，或者是有一个地方，是你心里非常想
到达的地方，

或者对于你来讲，那是一个非常美好、理想的画面，

那个画面会是什么呢？

画面里有天空，大海，还是有森林，草地？

在那个画面里，你在哪里，你在做什么？

那个画面，有一些什么样的色彩？

除了你，还有谁在里面？

在那个画面里，你感受到什么？

你感觉喜悦、兴奋、幸福，还是满足？

你能否让自己去感受一下，

你生命中最理想或者是你梦想的画面。

然后，你再看看，假如你要去到那个理想的画面，

在你今天的生活里，

你需要添加一些什么，改变一些什么，

或者，你需要放下一些什么。

你能否让自己在这里停留一会儿，

就只是和这个想法待在一起?

然后，再一次让自己深长地吸气，缓慢地吐气。

你能否意识到，

在你的身上，你拥有生命成长所需的所有资源。

这些资源就像一个丰富的宝藏，

有一些部分你已经看到，并且发现;

有一些部分，还埋藏在宝藏的深处;

有一些部分你已经在运用，并且用得很好;

也许还有一些部分，你需要学习，并且帮助自己可以更

多地运用它。

再次让自己意识到，你拥有成长所需的所有资源。

而你需要做的，

就是帮助自己联结、运用这些资源，实现你想要的。

所以，此刻，

尝试在吸气中，

给自己的生命带来一份深深的欣赏和感谢。

想象一下，你的眼前是你未来的美好画面，

而你，正迈出脚步，奔向那里。

感受一下此刻你的身体所体验到的。

再给自己一点点的时间，享受其中。

今日主题：

迈向你的未来

今天你需要添加什么，改变什么，放下什么

在你的生命中，你拥有成长所需的所有资源

带着你的资源，前行

欣赏和感谢

我的所思所感：

黄琳老师冥想听众感悟摘选：

> 冥想中，在黄琳老师的引领下，我看到了很美的画面，自己长裙飘飘……这次的冥想，感觉要睡着了，进入了意境。以前是想，这次是冥想！感觉很放松。冥想中，年老的自己告诉自己要放松，然后和我拥抱！内心很喜悦！

关于幸福，你可以用于自我探索的三个问题。

一、对你来说，幸福是什么？请具体化。

二、什么阻碍了你的幸福？

三、你真正想要的是什么？

愿你走在获得更多幸福感的路上。

———黄琳

带着生命中所有的资源，迎接未来

导读：

冥想，是内在的滋养与创造。当你使用此冥想文，让自己全然地感受其中，就好像你泡在温泉水中，你的每个细胞都能感受其中的温度。

这段冥想，帮助你意识到自己生命中的资源，启动并运用它们，帮助自己迎接未来。

正文：

就在现在，你可以尝试着感受一下，

你的身体，你的大脑，你的感官……

你生命中拥有许多不同的部分，

它们都属于你。

在你的生活中某个时刻，有时某一个部分会特别活跃。

可能是我们的大脑，可能是我们的感受，有时候，也许

是我们的身体。

但你知道，它们都是你的一部分。

而你，就像这个地球上每一颗珍贵的种子，

在你的生命里，蕴含了成长所需要的各种资源。

有些资源，你经常使用；

有些资源，还在沉睡；

有些资源，被你埋藏在生命的深处；

有些资源，被你否定，批判。

尝试去感觉下，在你的内心深处，

是否有一个声音在呼唤，

呼唤你，更加幸福快乐地生活。

你的生命，就如一颗种子，它会破土而出，长出新芽、

绿叶，开花，结果。

它总是试图朝着阳光的方向生长。

在奔向那里的路途中，

也许你需要去学习，

更多地发现自己的资源，启动自己的资源，运用自己的

资源，

让它们，成为你奔向未来的助力。

你知道，生命，就如大海的潮水，

每时每刻，每个昼夜，都在奔流不息。

你的身体也和你一样，每时每刻，都在更新，新陈代

谢，生长。

所以，就在此刻，

你能否允许自己，深深地吸气，缓缓地吐气，

在接下来的每一次吸气中，

你能否尝试，将天地宇宙间那些原本就有的爱和希望，

吸入你的身体?

让你的每一个细胞，都可以在这样的能量中，

去体验更多美妙的时刻。

今日主题:

带着生命中所有的资源，迎向未来

内心的呼唤

生命如同一颗种子，总是试图朝着阳光的方向生长

每时每刻，都在更新、生长

我的所思所感：

黄琳老师冥想听众感悟摘选：

"

　　在黄琳老师的带领中，我学到了许多。这个过程，打开了心里许多的结，这让我自己非常喜悦。过去的自己，太焦虑，太忙碌。学习后，似乎生命中喜悦的盖子被掀开了，时不时就会有喜悦的感觉冒出来！

"

特别篇：天天都是 520

前言：

这篇冥想，是在一个特别的日子——5月20日创作的。特别将它送给本书的读者。愿它能为你带来更多通往幸福之路的指引。衷心祝愿你的生活每天更幸福、更满足，享受与自己的亲密。

正文：

在我们开始之前，

把你的关注力，放在你的呼吸上。

尝试让自己深入地吸气，缓缓地吐气。

让自己在每一次呼吸中，

将空气更深地吸入你的身体。

而你的身体，也在每次呼吸中，

更大程度地去延展。

邀请你把关注力，

放在此刻的安静上。

你能听得见周围环境的声音，

你能听得见这个空间发出来的声音，

窗外小鸟的声音，

也许你还听得见，山间的风吹过的声音。

然后，我邀请你，尝试着回来，

听一听自己心跳的声音。

假如你可以，

你可以把你的手掌，放在心的位置，

让你的手掌，去感觉一下你的心跳。

你能否把此刻所有的关注力，

放在你手掌心下面的地方，

你能感受到自己的心跳吗？

此刻我邀请你，经由你的手，

不仅仅去感受到心的跳动，

你能否去感知，

那个跳动背后的意义？

每时每刻，我们的心脏都在跳动。

这样的跳动，

让我们可以生存在这个地球上，

让我们可以在这个地球上去听，去看，去感知这个世界。

我们可以去体验喜怒哀乐，

体验关系中的美好与挣扎。

所以就在此刻，让自己去感受并体验。

无论此刻有怎样的感受浮现，

都给自己一个允许。

然后我们再来看看这个心跳，

它不仅让我们在生理的意义上，存在于这个世界中，

它也给我们的生命带来更多的意义，

那就是，

我的生命可以成长，改变，进化，发展，

我还可以去繁衍。

所以就只是让自己体验一下这个部分，

你的生命。

无论过去我经历了什么，

无论现在我在体验着什么，

我都有可能走向未来，

而我决定了我未来可能的样子。

所以能否让自己意识到，

我是自己生命的主导者。

此刻我邀请你，

能否给你的心跳，送来一些感谢，

你可以发自你心底地，

去感谢这个生命活动的存在。

假如我们来看看今天，

今天是一个特别的日子，5月20日。

当你想到今天，你会想到什么呢？

尝试去看看在你心底里，

在这样的一个日子里，你有什么期待。

你是否期待，

你所爱的人能够给你一个惊喜？

或者是爱的表达，

或者能为你做点什么，

就只是去觉察在你的心里，是否有这样的期待。

然后我要邀请你，

为自己做一件特别的事。

那就是在今天，

你能否真诚地去对自己表达，

真诚地去欣赏、接纳、肯定你自己，

然后开始学习爱自己？

对你来说，

你是世界上最重要的那个人，

无论别人是否对你表达，

但只要你心里没有真正爱自己，

别人的爱，对你来讲，

也许只是杯水车薪。

所以在今天，我邀请你，

从你的心里面，

真正地去接纳你自己，

原谅你自己，宽恕你自己……

如果你可以，

也许你可以更多地认可你自己。

假如此刻你能想到，这个世界上最美的赞美词，

也许你曾经把这样的赞美词给过别人，

今天我邀请你，能否把你能想到的，

最美的赞美词，给到你自己？

你会对自己说些什么呢？

尝试去看看这样的一些话，

是否能够在今天，学习对自己说。

我是独特而珍贵的，

在我的生命里，与生俱来蕴含着，

来自天地宇宙的独特而珍贵的生命力。

这些生命力，呈现在我生活的方方面面，

有我的外在，也包含我的内在。

假如你去盘点，

你生命中所拥有的美好的东西，

你会发现什么呢？

也许有善良，关爱，真诚，

改变的愿望，勇气，坚韧，

担当，责任，

也许还有许许多多……

如果在今天，

你可以去荣耀你自己，

你愿意给自己一个什么样的赞美词呢？

让自己在心里感觉一下，

假如在今天，你能够送自己一样东西，

你想送你自己什么呢？

就只是花一些时间，

在这样一个特别的日子里，和自己在一起。

你要知道，对自己而言，

这个世界上最重要的人就是你自己。

你对自己的接纳，肯定，欣赏，和爱，

是你在这个世界上能够得到的，

最大的安全，和保护。

再一次，让自己的身体更加延展地吸气，

然后让自己，彻底地吐气。

多花一点点时间，就只是和你自己在一起。

当你准备好了，再让自己慢慢地回到这里。

今日主题：

你的心跳背后的意义

感谢生命的存在

只要你心里没有真正爱自己，别人的爱，对你来讲，也许只是杯水车薪

最美的赞美词，给到自己

真诚地去欣赏、接纳、肯定你自己，开始学习爱自己

我的所思所感：

黄琳老师冥想听众感悟摘选：

"

好难用语言去分享自己所体验到的，总觉得人松了，肩膀松了。

肩膀一直以来感觉如同被重物压着一般沉重，又享受又抗拒又没力量剥离。今天冥想后，感觉不用抗拒，也不用剥离，它已经不再吸引我的关注力了，已经不重要了。对，这叫允许、接纳。

冥想中，当我在自己的状态里，肢体的伸展让我特别想舞动，但心里又评判自己，这样够美吗？我告诉自己，如果没有准备好，就这么待着也是可以的。瞬间自己就轻盈了，感觉很喜悦！

"

致　谢

这本书的诞生，尤其感谢我的老师约翰·贝曼博士。在我遇见老师之后，生命开启了一个崭新的、更广阔的天地。从2008年至今，我生命中所经历的宽度与深度，是在之前的生活中无法想象的。感谢恩师带给我的受用一生的智慧，让我更大程度地发展出自己的生命。

感谢我的父母和我的家族，他们带给了我生命成长的黑土地，孕育了我所拥有的丰富的资源，与受用一生的美好品质。

本书的编写过程，我们可爱的项目组团队做了很重要的贡献。项目组组长余佳，成员林昕澜、赵倩、彭春燕、杨丽琴、饶冰洁，项目总务邓玺郡，还有吴鑫鑫、姜薇。我无法一一描述他们的贡献与可爱之处，但没有他们，也许书的进程要延迟许多。项目组组长余佳，是最早开始提醒我去记录我创作的冥想的人，她的提议促进了我的音频和这本书的诞生。感谢她以及这个提议给更多的人带来的帮助！

书中的冥想文，源自我带领的课程中的现场冥想。从课程音频中誊写出文字，再到文字编辑、分类，项目组的成员做出了许多贡献，这些细致的工作都是由他们完成的。

我不知道如何表达我的感谢，但我知道，他们都有着一个美好的愿望，希望这本书能让更多的生命受益。为每位成员的美好愿望，为他们的贡献和参与，深深致敬！

作者简介

厦门大学金融硕士

世界家庭治疗大会2018年会演讲嘉宾，纪念萨提亚诞辰100周年2016世界大会演讲嘉宾，2014中国首届萨提亚大会演讲嘉宾

盈和（中国）全人发展中心创办人，萨提亚厦门教育与应用中心创办人

太平洋萨提亚学院专业会员

中华大地之星"中华百佳名师"

黄琳

她多年师从国际著名萨提亚大师约翰·贝曼博士、玛丽亚·葛茉莉博士学习萨提亚模式，多年接受贝曼博士萨提亚专业训练并担任贝曼博士助教，接受葛茉莉博士萨提亚家庭治疗、家庭重塑专业训练，并曾在加拿大太平洋萨提亚学院深造学习。

她多年悉心学习并应用萨提亚模式，以自己的内在光辉影响、带动着许多人，她所带领及录制的萨提亚冥想音频深受国内身心成长爱好者喜爱，并广为流传。

她也是同济大学、厦门大学等多家国内知名大学讲座嘉宾，多家知名媒体特约顾问，曾任世界500强企业培训部经理。

联系我们

阅读本书，您的任何反馈或感悟收获，欢迎发送给我们。

我们的联系邮箱：

Yingherenjia01@126.com

标题请注明：读者反馈

您的反馈将帮助我们更好地创作冥想，也将帮助到更多的朋友。

如果您愿意，您的感悟有可能被我们采纳，并分享给更多的读者，帮助他们了解冥想可能带来的帮助。如果您的感悟不愿意被分享，您可以在发给我们的同时说明，我们会严格尊重您的决定。

感谢您与我们的共创！

衷心祝愿，您的每一天，更加幸福、健康、丰盛！